KB074575

지식 제로에서 시작하는 수학 개념 따라잡기

확률의 핵심

Newton Press 지음

곤노 노리오 감수

이선주 옮김

청어람e))

들어가며

바다에 놀러 가면 수영을 할까, 하지 말아야 할까……. 복권은 사는 것이 이익일까, 사지 않는 것이 이익일까……. 'Re:사례금 150만 원은 받으셨습니까?'라는 제목으로 온 메일은 열어봐야 할까, 열지 말아야 할까……. 물론 선택은 자유이다. 하지만 그다음에 어떤 일이 어느 정도로 일어날지를 미리 알 수 있다면 선택을 할 때 참고가 되지 않을까? 그럴 때 도움이 되는 것이 '확률'이다. 확률은 어떤 사건이 얼마나 일어날 것 같은지를 숫자로 나타내는 것이다. 즉, 확률을 이해하면 더 합리적인 선택을 할 가능성이 커진다.

이 책은 재미있고 구체적인 예와 함께, 확률을 즐겁게 배울 수 있는 책이다. 누구라도 쉽고 편하게 읽을 수 있도록 흥미로운 이야기를 많이 실었다. 우리 일상생활 속에서 도움이 되는 부분도 분명히 발견할 수 있을 것이다. 지금부터 확률의 세계에 푹 빠져보자!

차례

최강 잡학편

제1장 놀라운 확률

제2장 도박의 확률

최강 잡학편

제1장
놀라운 확률

─────────

세상에는 다양한 확률이 있다.
제1장에서는 '이런 일도 확률로 계산하는구나!',
'생각했던 것과는 다르네!' 이런 생각이 드는
의외의 놀라운 확률을 소개한다.

1 벼락에 맞을 확률은 1년에 851만 3500분의 1

◆ 미국에서는 약 $\dfrac{1}{122만 2000}$

최근 게릴라 호우가 기승을 부리면서 벼락에 대한 걱정도 많아지고 있다. **미국의 국립해양대기청(NOAA)은 벼락에 맞을 확률이 1년에 약 $\dfrac{1}{122만 2000}$ 이라고 계산하였다.** 미국에서 2009년부터 2018년까지 10년간 벼락으로 죽거나 다친 사람의 수는 매년 평균 270명이었다. 이것을 2019년 예상 인구인 3억 3000만 명으로 나누어 구한 것이다.

◆ 한 해에 14.8명이 벼락을 맞는다

이 계산 방법을 일본의 통계에 적용해보자. 일본 경찰청이 발표한 『경찰백서』에 따르면 2000년에서 2009년까지 10년 동안 낙뢰로 사망, 부상 또는 행방불명이 된 사람 수는 148명이었다. 평균을 내면 1년에 14.8명이다. 현재 일본의 총인구는 1억 2600만 명이다. 확률을 계산하면 다음과 같다.

$$14.8 \div 1억 2600만 ≒ \dfrac{1}{851만 3500}$$

일본에서 벼락을 맞을 확률은 1년간 약 $\dfrac{1}{851만 3500}$ 이 된다. 미국보다는 확률이 낮다.

벼락에 맞을 확률 계산

미국의 국립해양대기청(NOAA)은 10년간 낙뢰로 발생한 사상자 수의 연평균을 총인구로 나누어 1년 동안 벼락에 맞을 확률을 구한다. 같은 방법으로 일본의 통계를 이용하여 계산하면 다음과 같다.

계산식

$$14.8 \div 1억\ 2600만 \fallingdotseq \frac{1}{851만\ 3500}$$

계산의 의미

10년간 낙뢰로 생긴 사상자 수의 연평균 ÷ 총인구
= 1년간 벼락에 맞을 확률

2 거대 운석으로 죽을 확률은 3만 2400분의 1

❖ 50만 년에 한 번 충돌로 15억 명이 사망

가끔 운석 관련 뉴스를 볼 수 있다. 미국 사우스웨스트 연구소의 클라크 채프먼 박사는 1994년 「소행성과 위성이 지구에 미치는 영향 : 위험성의 평가」라는 논문에서 운석으로 인한 사망을 계산하였다.

이 논문에서는 전 세계에서 15억 명이 죽는 거대 운석의 충돌이 50만 년에 한 번 일어난다고 가정한다. 1년으로 생각해보면 사망자 수는 15억÷50만 년 = 3000명이 된다. 다음으로 이 3000명을 세계 총 인구*로 나누면 이 운석 때문에 한 사람이 1년 동안에 죽을 확률을 구할 수 있다. 계산하면 약 $\frac{1}{130만}$ 이다. **한 사람이 살다가 운석으로 죽을 확률 약 $\frac{1}{130만}$ 에 당시의 세계 평균 수명인 65세를 곱하여 계산하면 약 $\frac{1}{2만}$ 이 된다.**

❖ 현재의 세계 인구와 평균 수명으로 계산

채프먼 박사의 계산 방법에 현재 세계 인구 70억 명과 현재 세계 평균 수명 72세를 적용하면 다음과 같다.

$$(15억 ÷ 50만) ÷ 70억 × 72 ≒ \frac{1}{3만\ 2400}$$

* 논문에는 세계 인구를 몇 명으로 계산했는지는 밝히지 않았다.

거대 운석이 사람에게 직접 부딪히는 상황만을 말하는 것이 아니다. 사람들이 지구와 운석이 충돌하는 충격에 휩쓸리고 영향을 받는 경우를 고려할 때, 50만 년에 한 번 오는 거대 운석으로 15억 명이 죽을 것으로 본다.

계산식

$$(15억 ÷ 50만) ÷ 70억 × 72 ≒ \frac{1}{3만\ 2400}$$

계산의 의미

거대 운석으로 인한 1년당 사망자 수 ÷ 전 세계 인구 × 평균 수명
= 일생 중에 거대 운석으로 죽을 확률

운석 보유국 중 세계 2위는 일본

세계 2위의 운석 보유국은 일본이다. 세계적으로 보더라도 작은 섬나라인 일본에 운석이 많다는 사실은 의외다.

사실 일본의 운석은 일본의 남극 관측대가 남극에서 발견한 것이다. 그 수는 2010년을 기준으로 약 1만 7000개이다. 일본의 관측대는 1969년부터 남극에서 운석을 채집하였다. 1974년에서 1975년 사이에 이루어진 관측에서는 10일 동안 663개의 운석을 발견하였다. 당시에는 전 세계에 발견된 운석 전체 수가 약 2500개 정도라 매우 큰 화제가 되었다.

일본의 관측대가 이렇게 많은 운석을 발견할 수 있었던 이유는 관측지인 '야마토 산맥'이 운석이 많이 모인 장소였기 때문이다. 운석은 얼음으로 덮인 남극에 떨어지면 보통은 오랜 시간에 걸쳐 유동하는 얼음과 함께 바다로 흘러가 떨어진다. 그런데 야마토 산맥 근처에 떨어진 운석은 산맥에 막혀 한곳에 모여 있었다. 이 때문에 일본은 세계 2위의 운석 보유국이 될 수 있었다.

3 화재를 당할 확률은 1년에 1426분의 1

◆ 하루에 108건의 화재가 발생한다

일본에서는 연간 4만 건에 가까운 화재가 발생하고 있다. 소방청 발표에 따르면 2017년에 불이 난 총 건수는 3만 9373건이다. **단순하게 계산하여 365일로 나누면 하루에 약 108건의 화재가 발생한다는 말이다.** 그렇게 생각하면 우리가 화재를 당할 확률은 무척 높게 느껴진다. 실제로 확률을 구해보자.

◆ 1년 동안 불이 난 총 건수와 세대수를 사용한 계산

화재를 당할 확률은 불이 난 전체 건수를 세대수로 나누어 구할 수 있다. 1년 동안 불이 난 총 건수는 3만 9373건이고 전체 세대수는 5615만 3341세대(2018년 1월 1일 시점)이다. 계산하면 다음과 같다.

3만 9373 ÷ 5615만 3341 ≒ $\frac{1}{1426}$

따라서 1년 동안 화재를 당할 확률은 $\frac{1}{1426}$ 이다.

참고로 일본 소방청에 따르면 화재에서 손해를 입은 건물의 수는 1년에 3만 824동이다. 하루 단위로 바꿔 계산하면 매일 84.4동이 화재로 피해를 보고 있다는 결과가 나온다. 화재 원인으로는 1위가 담배, 2위는 방화, 3위는 난로라고 한다.

> **화재를 당할 확률 계산**
>
> 화재를 당할 확률은 불이 나는 전체 건수를 세대수로 나누어 구한다. 자신의 집에 불이 날지 그렇지 않을지를 고려하는 확률이므로 인구수가 아니라 세대수로 나눈다.

계산식

3만 9373 ÷ 5615만 3341 ≒ $\frac{1}{1426}$

계산의 의미

2017년의 총 화재 건수 ÷ 세대수

= 1년 동안 화재를 당할 확률

4 상어에게 공격당해 죽을 확률은 407만 5000분의 1

✦ 2003년의 자료로 보면 $\dfrac{1}{374만 8000}$

바다에서 물놀이를 하는데 거대한 백상아리가 공격해 온다……. 이것은 영화 속에서만 일어나는 일일까? **미국 플로리다주 자연사 박물관에 따르면 미국에서 상어의 공격을 받아 죽을 확률을 계산하면 $\dfrac{1}{374만 8000}$ 이라고 한다.**

이 확률은 2003년의 자료를 근거로 계산한 것이다. 2003년에 상어의 공격을 받아 죽은 사람은 한 명이었다. 이것을 2003년의 미국 총인구 2억 9085만 명으로 나누고, 2003년에 태어난 사람의 평균 수명 77.6세를 곱하여 구한다.

✦ 2015년 자료에서는 확률이 낮아졌다

이 계산을 그대로 2015년의 수치를 적용하여 확률을 구해보자. **2015년에도 상어의 공격으로 죽은 사람은 한 명이었다. 2015년의 미국 총인구는 3억 2074만 명이고, 2015년 태어난 사람의 평균 수명은 78.7세이다.** 계산하면 다음과 같다.

$$1 \div 3억 2074만 \times 78.7 ≒ \dfrac{1}{407만 5000}$$

2003년과 비교하면 확률은 낮아졌다.

상어의 습격으로 죽을 확률 계산

1년 동안 상어의 공격으로 죽은 사람 수를 그해의 미국 총인구수로 나눈다.
또, 그해에 태어난 사람의 평균 수명을 곱하여 구한다.

계산식

$$1 \div 3억 \ 2074만 \times 78.7 \fallingdotseq \frac{1}{407만 \ 5000}$$

계산의 의미

1년 동안 상어의 공격으로 죽은 사람 수 ÷ 그해의 미국 총인구수
× 그해에 태어난 사람의 평균 수명
= 살아가다 상어의 공격으로 죽을 확률

일본의 위험 생물

일본의 해수욕장에서도 상어가 목격되기도 한다. 하지만 사망 사고는 별로 들어본 적이 없다. 일본에서는 어떤 생물로 인한 사망 사고가 일어나고 있을까?

일본 후생노동성의 '인구동태 조사'에는 사인 분류 중 하나로 '교통사고 외 불의의 사고'라는 항목이 있다. 이 항목을 더 자세히 들여다보면 '각종 생물에 물리거나 접촉'이라는 항목이 있다. **그중 '말벌, 나나니벌 또는 꿀벌'로 인한 사망자 수가 가장 많다. 2017년 사망자 수는 13명이고, 1984년에는 역대 최다인 73명이 목숨을 잃었다.**

뉴스를 보면 곰을 목격했다는 소식도 자주 소개된다. 일본 환경성의 발표에 따르면 2016년에는 곰의 공격을 받아 네 명이 죽었다고 한다. 후생노동성에서는 복어 식중독 통계를 발표하는데 2008년에는 복어 식중독으로 세 명이 죽었다고 한다.

일본에서 생물 때문에 사망한 사람 수

생물	사망자 수	연도
벌	13명	2017년
곰	4명	2016년
복어	3명	2008년

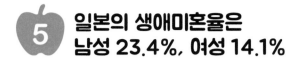

5 일본의 생애미혼율은 남성 23.4%, 여성 14.1%

◆ 50세까지 한 번도 결혼하지 않은 사람의 비율

일본의 2015년 인구조사에 따르면 일본 남성의 생애미혼율은 23.4%, 여성은 14.1%였다. 생애미혼율은 어떻게 구할까?

생애미혼율이라는 단어는 문자 그대로 보면 일생에 걸쳐 결혼하지 않은 사람의 비율이라고 생각할 수 있지만, **실제 정의는 50세까지 한 번도 결혼하지 않은 사람의 비율이다.**

◆ 45~49세와 50~54세의 평균

인구조사에서는 배우자와의 관계를 조사할 때 '미혼, 배우자 있음, 사별, 이혼' 중 하나인지를 묻는다. 그 결과를 바탕으로 남녀별로 5세 단위로 미혼율을 계산한다. 예를 들어 일본 남성의 미혼율은 45~49세가 25.9%, 50~54세가 20.9%, 여성의 미혼율은 45~49세가 16.1% 50~54세가 12.0%이다. 그리고 **생애미혼율은 45~49세의 미혼율과 50~54세의 미혼율을 구하여 평균해서 다음과 같이 계산한다.**

남성 : $(25.9 + 20.9) \div 2 = 23.4$

여성 : $(16.1 + 12.0) \div 2 \fallingdotseq 14.1$

생애미혼율의 계산

생애미혼율은 50세 시점에서의 미혼율이다. 따라서 45~49세의 미혼율과 50~54세의 미혼율을 평균하여 구한다.

계산식

남성: (25.9 + 20.9) ÷ 2 = 23.4
여성: (16.1 + 12.0) ÷ 2 ≒ 14.1

계산의 의미

(45~49세의 미혼율 + 50~54세의 미혼율) ÷ 2
≒ 50세 시점에서의 미혼율 = 생애미혼율

초밥 외식에
돈을 가장 많이 쓰는 일본 도시는?

인구조사를 담당하는 일본 총무성 통계국은 다양한 조사를 시행한다. 뉴스 등에서 자주 언급되는 것으로는 물가의 변동을 나타내는 소비자물가지수, 실업 상황을 나타내는 완전 실업률 등이 있다.

통계국은 이렇게 '딱딱한' 조사뿐 아니라 초밥에 가장 돈을 많이 쓰는 지역 순위라는 특이한 조사도 한다. 전국 각지의 청사 소재지와 인구 50만 이상의 주요 도시의 2인 이상인 세대를 대상으로 한 가계조사의 하나로 실시하였다.

조사에 따르면 1위는 가나자와시, 2위는 기후시, 3위는 후쿠이시였다. 1위인 가나자와시와 3위인 후쿠이시는 북쪽으로 바다를 접한 도시이므로 그럴 만도 하다. 하지만 바다가 없는 내륙 지역에 자리 잡은 기후시가 2위라는 것은 의외의 결과다. 참고로 기후시는 찻값 순위에서 카페 조식 메뉴가 유명한 나고야시를 제치고 1위를 차지하기도 했다.

초밥 외식에 드는 비용 순위

순위	지역	금액
1	가나자와시	2만 3123엔
2	기후시	2만 813엔
3	후쿠이시	2만 551엔
4	우쓰노미야시	1만 9663엔
5	고후시	1만 9384엔
6	시즈오카시	1만 9229엔
7	삿포로시	1만 8725엔
8	나고야시	1만 7972엔
9	가와사키시	1만 7572엔
10	야마가타시	1만 7258엔
	전국	1만 4693엔

주 : 일본 총무성 통계국의 '가계 조사(2인 이상인 세대), 품목별 청사 소재지 및 정령지정도시(법정인구 50만 명 이상의 시) 순위'(2015~2017년 평균)에서 발췌

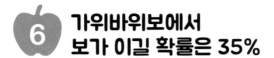

가위바위보에서 보가 이길 확률은 35%

◆ 33.3%씩이 아니라고!?

가위바위보 게임에서 낼 수 있는 손 모양은 가위, 바위, 보 세 가지이다. 각 손 모양이 이길 확률은 한 번 승부일 때 33.3%씩이라고 생각하는 것이 일반적이다. **그러나 보가 이길 확률은 35%로, 다른 손 모양보다 높다는 통계가 있다.** 이것은 오비린대학의 요시자와 미쓰오 교수가 725명의 학생을 모아 가위바위보를 1만 1567회 실시하여 얻은 결과로 바위가 4054회, 보가 3849회, 가위가 3664회 나왔다. 보, 가위, 바위가 이길 확률을 계산하면 다음과 같다.

바위가 나올 확률 = 보가 이길 확률 = 4054 ÷ 1만 1567 ≒ 35%

보가 나올 확률 = 가위가 이길 확률 = 3849 ÷ 1만 1567 ≒ 33%

가위가 나올 확률 = 바위가 이길 확률 = 3664 ÷ 1만 1567 ≒ 32%

◆ 바위의 모양은 만들기 쉽고 강력한 이미지

참고로, 일본 가위바위보협회라는 단체도 처음에는 바위가 나올 가능성이 크다고 했다. 확률론을 근거로 한 것은 아니고, 손 모양 중 바위가 강력한 이미지로 승리를 연상하고 손 모양도 쉽다는 게 이유였다.

가위바위보에서 이길 확률 계산

실제 가위바위보를 1만 1567회 실행한 결과를 토대로 계산한다. 각 손 모양이 나온 횟수를 전체 횟수인 1만 1567로 나누어 확률을 구한다.

계산식

바위가 나올 확률 = 보가 이길 확률 = 4054 ÷ 1만 1567 ≒ 35%

보가 나올 확률 = 가위가 이길 확률 = 3849 ÷ 1만 1567 ≒ 33%

가위가 나올 확률 = 바위가 이길 확률 = 3664 ÷ 1만 1567 ≒ 32%

계산의 의미

각 손 모양이 나올 확률 = 그 손 모양을 이기는 손 모양이 이길 확률

= 각 손 모양이 나온 횟수 ÷ 가위바위보를 한 총횟수

7 제비뽑기에서 처음과 마지막의 당첨 확률은 '같다'

◆ 처음에는 꽝이 많다고?

50장의 제비 중에서 당첨은 한 장이라고 해보자. 나머지 49장은 꽝이다. 이때 가장 처음에 제비를 뽑는 사람과 제일 마지막인 50번째에 제비를 뽑는 사람은 당첨 확률이 다를까? 초반에는 꽝이 많아서 당첨 확률이 낮은 것처럼 느껴진다. 반대로 끝으로 갈수록 꽝이 줄어드니 당첨 확률은 높아질 것 같다. **하지만 실제로는 처음이든 마지막이든 확률은 다르지 않다.**

◆ 꽝의 확률도 고려한다

중요한 점은 당첨 확률뿐 아니라, 낙첨 확률도 고려해야 한다는 것이다. 50번째 사람이 제비를 뽑으려면 49명까지 낙첨되어야만 한다.

첫 번째 당첨될 확률은 50장 중에서 하나이므로 $\frac{1}{50}$이다. 두 번째 사람이 당첨될 확률은 첫 번째 사람이 낙첨이고 두 번째 사람이 당첨될 확률이므로 $\frac{49}{50} \times \frac{1}{49}$이 되고 계산하면 $\frac{1}{50}$이 된다.

마지막 50번째 사람은 49번째 사람까지 낙첨되고 50번째에 당첨될 확률이므로 $\frac{49}{50} \times \frac{48}{49} \times \frac{47}{48} \times \cdots \times \frac{1}{2} \times \frac{1}{1}$이고 계산하면 역시 $\frac{1}{50}$이 된다. 제비를 뽑는 순서가 처음이든 나중이든 확률은 같다.

두 번째 사람이 당첨될 확률은 첫 번째 사람이 낙첨될 확률과 두 번째 사람이 당첨될 확률을 서로 곱해서 구한다. 세 번째 이후의 사람이 당첨될 확률도 같은 방법으로 계산하면 모두 $\frac{1}{50}$이 된다.

계산식

첫 번째 사람이 당첨될 확률 $= \frac{1}{50}$

두 번째 사람이 당첨될 확률 $= \frac{49}{50} \times \frac{1}{49} = \frac{1}{50}$

$\vdots$

50번째 사람이 당첨될 확률 $= \frac{49}{50} \times \frac{48}{49} \times \frac{47}{48} \times \cdots \times \frac{1}{2} \times \frac{1}{1} = \frac{1}{50}$

계산의 의미

첫 번째 사람이 당첨될 확률 = 첫 번째 뽑기에 당첨될 확률

두 번째 사람이 당첨될 확률 = 첫 번째 사람이 낙첨될 확률 × 두 번째 사람이 뽑기에 당첨될 확률

$\vdots$

50번째 사람이 당첨될 확률 = 49번째 사람까지 낙첨될 확률 × 50번째 사람이 뽑기에 당첨될 확률

8 인원이 30명인 반에서 생일이 같은 쌍이 있을 확률은 70%

✤ '모두의 생일이 다를 확률'을 1에서 뺀다

같은 학급에 나와 생일이 같은 사람이 있으면 '와 엄청난 우연이다!'라고 느끼지 않는가? 확률을 계산해보자. 예를 들어 학생이 30명인 학급이 있다고 하자. 2월 29일생은 고려하지 않고, 1년을 365일로 둔다. **'한 쌍이라도 생일이 일치할 확률'은 '모두의 생일이 다를 확률'을 구한 다음 1에서 빼면 된다**(이 계산의 개념 해설은 118~121쪽).

✤ '엄청난 우연!'이라고 할 정도는 아니다

우선 첫 번째 사람의 생일은 1년 중 어느 날이어도 좋으므로 365가지 경우가 있다. 두 번째 사람의 생일은 첫 번째 사람의 생일 외 어느 날이므로 $365 - 1 = 364$가지, 세 번째 사람은 첫 번째 사람과 두 번째 사람의 생일 외 어느 날이므로 $365 - 2 = 363$가지 경우가 있다. 이렇게 생각하면 30명의 생일이 모두 다른 조합은 $365 \times 364 \times 363 \times \cdots \times (365-29)$가 된다. 이 값을 A라고 하자.

이 A를 학생 30명 생일의 모든 조합인 365^{30}으로 나누면 30명의 생일이 모두 다를 확률을 구할 수 있다. 계산하면 약 0.3이다. **따라서 '한 쌍이라도 생일이 일치할 확률'은 1 − 0.3 = 0.7이므로 약 70%이다.** '엄청난 우연!'이라고 할 정도는 아니다.

생일이 같을 확률의 계산

한 쌍이라도 생일이 일치할 확률은 1에서 모두의 생일이 다를 확률을 빼면 구할 수 있다. 아래의 그래프는 학급의 인원수와 한 쌍이라도 생일이 같을 확률의 관계이다. 인원이 23명이 넘으면 확률은 50%를 넘는다.

계산식

$$1 - \frac{365 \times 364 \times 363 \times \cdots \times (365-29)}{365^{30}} \fallingdotseq 0.7$$

계산의 의미

1 - 모두의 생일이 다를 경우

$= 1 - \dfrac{30명의\ 생일이\ 모두\ 다른\ 조합}{30명\ 생일의\ 모든\ 조합}$

= 한 쌍이라도 생일이 같을 확률

학급의 인원수와 한 쌍이라도 생일이 일치할 확률의 관계

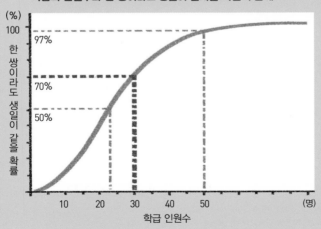

9 확률 1%인 가챠 뽑기, 100번 꽝일 확률은 36.6%

◆ 확률이 1%라면 100번 중에 한 번은 당첨될까?

스마트폰 게임에서는 랜덤으로 아이템을 뽑는 가챠라는 추첨방식으로 캐릭터나 아이템 등을 구하기도 한다. '희귀성'에 따라 손에 넣을 확률이 설정되는데, 드물고 귀한 아이템인 경우에 당첨 확률이 1%인 것도 있다. 1%라고 하면 보통 100번 뽑으면 한 번은 당첨된다고 생각할 것이다. 과연 실제 결과도 그럴까?

확률이 고정으로 1%인 가챠를 100번 뽑아 모두 꽝일 확률을 계산해보자. 첫 번째가 꽝일 확률은 $\frac{99}{100}$로 99%이다. 2번 연속으로 꽝일 확률은 $(\frac{99}{100})^2$으로 약 98%이다. **100회 연속으로 꽝일 확률은 $(\frac{99}{100})^{100}$으로, 계산하면 약 36.6%가 된다.**

◆ 캡슐토이라면 확실히 당첨

왜 우리가 직관적으로 예상한 것과 차이가 생기는 걸까? 게임이 아니라 100개의 캡슐이 들어가 있는 캡슐토이를 상상해보자. 당첨은 하나뿐이다. 한 번 뽑아서 꽝이면 통 안에는 꽝이 하나 줄어들기 때문에 두 번째에는 당첨 확률이 높아진다. 그렇게 100번 뽑으면 무조건 한 번은 당첨이다. **그러나 스마트폰 게임에서는 꽝이 줄어들지 않기 때문에 100번 연속으로 꽝일 가능성이 있는 것이다.**

스마트폰 게임에서는 첫 번째든 두 번째든 확률은 $\dfrac{99}{100}$ 로 바뀌지 않는다. 그래서 연속으로 꽝일 경우를 생각할 때는 뽑는 횟수만큼 $\dfrac{99}{100}$ 를 곱해야 한다.

계산식

첫 번째에 꽝일 확률 = $\dfrac{99}{100}$ = 99%

두 번 연속 꽝일 확률 = $\left(\dfrac{99}{100}\right)^2 ≒ 98\%$

⋮

100번 연속 꽝일 확률 = $\left(\dfrac{99}{100}\right)^{100} ≒ 36.6\%$

계산의 의미

첫 번째에 꽝일 확률 = 한 번 뽑아서 꽝일 확률

두 번 연속 꽝일 확률 = (한 번 뽑아서 꽝일 확률)^{2번}

⋮

100번 연속 꽝일 확률 = (한 번 뽑아서 꽝일 확률)^{100번}

10 프로야구 선수권 시리즈에서 최종전까지 경기가 계속될 확률은 31%

◆ 실력이 막상막하라면 7차전까지 경기가 계속될까?

일본 프로야구 선수권 시리즈는 센트럴 리그와 퍼시픽 리그의 우승팀이 일본 최고의 자리를 걸고 싸우는 경기다. 경기는 7차전까지 진행되는데, 어느 한쪽 팀이 먼저 4승을 거두면 승리한다. 실력이 막상막하인 경우, 최종전인 7차전까지 경기가 계속될 확률은 어느 정도일까? 센트럴 리그와 퍼시픽 리그 양쪽 모두 한 경기에서 이길 확률은 50%이고, 질 확률도 50%라고 가정한다.

한쪽 팀이 4승 2패로 우승하는 승패 패턴은 오른쪽 위의 표와 같이 10가지 경우가 있다. 표에서 제시한 승리와 패배의 패턴이 될 확률은 각각 $0.5^6 = 0.015625 = 1.5625\%$씩이다. 두 팀 모두 10가지 경우가 있으므로 '4승 2패로 끝날 확률'은 $1.5625 \times 10 \times 2 = 31.25\%$이다.

◆ '4승 2패'와 완전히 같은 확률

이에 비해, 한 팀이 4승 3패로 우승할 승패 패턴은 오른쪽 아래의 표와 같이 20가지 경우가 있다. 4승 3패가 될 확률을 구해보면 $0.78125 \times 20 \times 2 = 31.25\%$이다. 의외라고 생각할 수도 있지만, '4승 3패로 끝날 확률'은 '4승 2패로 끝날 확률'과 완전히 같다. 실력이 막상막하라 하더라도 7차전까지 끌고 갈 가능성이 더 큰 것은 아니다.

일본 프로야구 선수권 시리즈의 확률 계산

실력이 동등하다고 가정할 때, '4승 2패로 우승할 확률'과 '4승 3패로 우승할 확률'을 계산하면 계산 과정은 달라도 확률은 같다는 사실을 알 수 있다.

센트럴 리그의 팀이 '4승 2패'로 우승하는 경우(모두 10가지 경우)

	1차전	2차전	3차전	4차전	5차전	6차전	확률
1	○	○	○	×	×	○	$0.5^6 = 0.015625$
2	○	○	×	○	×	○	$0.5^6 = 0.015625$
3	○	○	×	×	○	○	$0.5^6 = 0.015625$
4	○	×	○	○	×	○	$0.5^6 = 0.015625$
5	○	×	○	×	○	○	$0.5^6 = 0.015625$
6	○	×	×	○	○	○	$0.5^6 = 0.015625$
7	×	○	○	○	×	○	$0.5^6 = 0.015625$
8	×	○	○	×	○	○	$0.5^6 = 0.015625$
9	×	○	×	○	○	○	$0.5^6 = 0.015625$
10	×	×	○	○	○	○	$0.5^6 = 0.015625$

1.5625% × 10가지 경우 × 2팀 = 31.25%

센트럴 리그의 팀이 '4승 3패'로 우승하는 경우(모두 20가지 경우)

	1차전	2차전	3차전	4차전	5차전	6차전	7차전	확률
1	○	○	○	×	×	×	○	$0.5^7 = 0.0078125$
2	○	○	×	○	×	×	○	$0.5^7 = 0.0078125$
3	○	○	×	×	○	×	○	$0.5^7 = 0.0078125$
4	○	○	×	×	×	○	○	$0.5^7 = 0.0078125$
5	○	×	○	○	×	×	○	$0.5^7 = 0.0078125$
6	○	×	○	×	○	×	○	$0.5^7 = 0.0078125$
7	○	×	○	×	×	○	○	$0.5^7 = 0.0078125$
8	○	×	×	○	○	×	○	$0.5^7 = 0.0078125$
9	○	×	×	○	×	○	○	$0.5^7 = 0.0078125$
10	○	×	×	×	○	○	○	$0.5^7 = 0.0078125$
11	×	○	○	○	×	×	○	$0.5^7 = 0.0078125$
12	×	○	○	×	○	×	○	$0.5^7 = 0.0078125$
13	×	○	○	×	×	○	○	$0.5^7 = 0.0078125$
14	×	○	×	○	○	×	○	$0.5^7 = 0.0078125$
15	×	○	×	○	×	○	○	$0.5^7 = 0.0078125$
16	×	○	×	×	○	○	○	$0.5^7 = 0.0078125$
17	×	×	○	○	○	×	○	$0.5^7 = 0.0078125$
18	×	×	○	○	×	○	○	$0.5^7 = 0.0078125$
19	×	×	○	×	○	○	○	$0.5^7 = 0.0078125$
20	×	×	×	○	○	○	○	$0.5^7 = 0.0078125$

0.78125% × 20가지 경우 × 2팀 = 31.25%

확률로 알아보는 최고의 결혼 상대 선택법

✦ 가장 좋은 결혼 상대인 A와 결혼하려면?

만약 평생 열 명과 차례대로 교제할 수 있다면 언제 결혼해야 좋을까? 열 명 중에 최고의 결혼 상대인 A가 있다. 하지만 교제 중에는 A가 최고의 결혼 상대인지 알 수 없고, 한 번 헤어진 상대와는 결혼할 수 없다. **그래서 처음 몇 명과는 교제하고 무조건 헤어진 뒤, 과거 교제한 사람보다 매력적인 사람이 나타나는 시점에 결혼하기로 한다.**

✦ 세 번째까지는 무조건 헤어진다

먼저 첫 번째 사람과 무조건 헤어지는 경우를 생각해보자. 첫 번째 상대가 A였다고 하면 A와 결혼할 확률은 0이다. 첫 번째 교제 상대가 두 번째로 좋은 B라면(확률 $\frac{1}{10}$), 그 이후에 B보다 매력적인 사람은 A밖에 없으므로 A가 몇 번째로 나타난다고 해도 A와 결혼할 수 있다 (확률 $\frac{1}{1}$). 그 확률은 $\frac{1}{10} \times \frac{1}{1}$ 로 계산할 수 있다. 첫 번째 교제 상대가 세 번째로 괜찮은 C라면(확률 $\frac{1}{10}$), 그 이후에 B보다 A가 먼저 나타나는 경우에(확률 $\frac{1}{2}$) A와 결혼할 수 있다. 그 확률은 $\frac{1}{10} \times \frac{1}{2}$ 이다.

이 방법으로 계속 계산한 것이 오른쪽 표다. 첫 번째 상대와 무조건 헤어진 다음 A와 결혼할 수 있는 확률은 약 28%이다. A와 결혼할 확률이 가장 높은 경우는 세 번째 상대까지는 무조건 헤어진 다음이다.

A와 결혼할 수 있는 확률 계산

무조건 헤어질 사람 수와 그 후에 A와 결혼할 수 있는 확률을 표로 나타내었다. 무조건 헤어질 사람 수가 세 명일 때 A와 결혼할 확률이 가장 높다.

최고의 상대인 A와 결혼할 수 있는 확률

무조건 헤어질 사람 수	0명	1명	2명	3명	4명	5명	6명	7명	8명	9명
확률	10%	약 28.3%	약 36.6%	약 39.9%	약 39.8%	약 37.3%	약 32.7%	약 26.5%	약 18.9%	10%

계산식 첫 번째 사람과 무조건 헤어진 뒤 A와 결혼할 수 있는 확률

$$0+\left(\frac{1}{10}\times\frac{1}{1}\right)+\left(\frac{1}{10}\times\frac{1}{2}\right)+\left(\frac{1}{10}\times\frac{1}{3}\right)+\left(\frac{1}{10}\times\frac{1}{4}\right)+\left(\frac{1}{10}\times\frac{1}{5}\right)$$

$$+\left(\frac{1}{10}\times\frac{1}{6}\right)+\left(\frac{1}{10}\times\frac{1}{7}\right)+\left(\frac{1}{10}\times\frac{1}{8}\right)+\left(\frac{1}{10}\times\frac{1}{9}\right)\fallingdotseq 0.283(=28.3\%)$$

가장 좋은 상대일까?

가장 좋은 상대일까?

최강 잡학편

제2장
도박의 확률

———

확률론은 도박과 함께 발전하였다.
제2장에서는 룰렛이나 포커와 같은 도박에 관한 확률을 소개하고,
도박의 역사도 살펴보겠다.

1 룰렛 게임에서 짝수에 걸었을 때 적중할 확률은 47%

◆ 짝수도 홀수도 아닌 0과 00이 있다

도박이라고 하면 카지노, 카지노라고 하면 룰렛을 떠올리는 사람들이 많을 것이다. 미국식 룰렛에는 판 위에 1~36까지 숫자와 '0', '00'이 있어, 총 38개의 숫자가 있다. 이 룰렛에서 짝수가 나올 확률을 생각해보자. 0과 00은 짝수도 홀수도 아니라고 정한다.[*]

이 경우 짝수나 홀수 어느 쪽에 걸어도 적중할 확률은 $\frac{18}{38}$ 이다. 짝수도 홀수도 아닌 0과 00이 있기 때문에 $\frac{18}{36}$ 이 아니라 $\frac{18}{38}$ 이 된다. 백분율로 계산해보면 약 47%로, 50%가 채 안 된다. 18개씩 있는 빨강과 검정 어느 한쪽에 거는 경우나 1~36의 전반과 후반 중 한쪽에 거는 경우도 마찬가지이다.

◆ 가진 돈이 늘어날 가능성은 아주 희박하다

참고로 말하면, 900달러를 가진 손님이 1달러씩 '짝수, 홀수 내기'의 어느 한쪽에 계속 걸 때, 운 좋게 1000달러까지 딸 수 있는 경우는 10만 명 중에서 불과 2.7명 정도의 비율이라고 한다. **나머지는 가진 모든 돈을 잃는다.**

---

[*] 수학에서는 0은 짝수로 취급한다.

룰렛의 확률과 기댓값

룰렛에서는 당첨 확률이 낮은 데 걸수록 당첨되었을 때 받을 수 있는 돈의 배율이 높아진다. 받을 수 있는 수치와 확률을 곱한 값을 기댓값이라고 하는데, 어떤 내기 방식이든 같은 수준에 맞추어져 있다(기댓값의 해설은 122~123쪽).

룰렛의 기댓값 일람

내기 방식	내기 방식 설명	배율	확률	기댓값의 계산	기댓값
빨강·검정 맞히기	빨강 18개 또는 검정 18개	2배	$\frac{18}{38}$	$2 \times \frac{18}{38} = \frac{36}{38}$	0.947배
앞번호·뒷번호 맞히기	1~36 중에서 앞번호 18개 또는 뒷번호 18개	2배	$\frac{18}{38}$	$2 \times \frac{18}{38} = \frac{36}{38}$	0.947배
짝수·홀수 맞히기	짝수 18개 또는 홀수 18개 (0과 00은 짝수도 홀수도 아니다)	2배	$\frac{18}{38}$	$2 \times \frac{18}{38} = \frac{36}{38}$	0.947배
12개 숫자 맞히기 (세로줄)	돈을 놓는 판(레이아웃) 위의 세로줄에 있는 숫자 12개	3배	$\frac{12}{38}$	$3 \times \frac{12}{38} = \frac{36}{38}$	0.947배
12개 숫자 맞히기 (소·중·대)	1~12, 또는 13~24, 또는 25~36	3배	$\frac{12}{38}$	$3 \times \frac{12}{38} = \frac{36}{38}$	0.947배
6개 숫자 맞히기	레이아웃 위의 가로줄에 있는 3개의 숫자 상하 2단(합계 6개)	6배	$\frac{6}{38}$	$6 \times \frac{6}{38} = \frac{36}{38}$	0.947배
5개 숫자 맞히기	0, 00, 1, 2, 3(5개 숫자 맞히기는 이 조합뿐이다)	7배	$\frac{5}{38}$	$7 \times \frac{5}{38} = \frac{35}{38}$	0.921배
4개 숫자 맞히기	레이아웃 위의 인접한 4개의 숫자	9배	$\frac{4}{38}$	$9 \times \frac{4}{38} = \frac{36}{38}$	0.947배
3개 숫자 맞히기	레이아웃 위의 가로줄에 있는 3개의 숫자	12배	$\frac{3}{38}$	$12 \times \frac{3}{38} = \frac{36}{38}$	0.947배
2개 숫자 맞히기	레이아웃 위의 이웃한 2개의 숫자	18배	$\frac{2}{38}$	$18 \times \frac{2}{38} = \frac{36}{38}$	0.947배
1개 숫자 맞히기	0과 00을 포함하는 38개의 숫자 중 1개	36배	$\frac{1}{38}$	$36 \times \frac{1}{38} = \frac{36}{38}$	0.947배

룰렛의 역사

　룰렛은 프랑스어이다. 룰렛의 어원은 프랑스어로 '작은 바퀴, 차 바퀴'라는 의미인 Roue이다.

　룰렛의 기원은 오래전 고대 그리스까지 거슬러 올라간다. **전사들이 무기인 방패 위에 칼을 올려놓고 돌려 칼끝이 어느 위치에서 멈추는지에 내기를 걸던 일이 시초였다고 한다.** 로마제국의 초대 황제인 아우구스투스(기원전 63~기원후 14)는 전차 바퀴를 수평으로 눕혀놓고 그 위에 표적을 세우고 바퀴를 돌려서 내기를 했다고도 한다.

　룰렛이 현재와 같은 모습이 된 경위는 정확하게 알 수 없다. **흔히 알려진 바로는 프랑스의 철학자로 확률론의 아버지라고도 불리는 블레즈 파스칼(1623~1662)이 확률을 연구하기 위해 룰렛을 만들었다는 설도 있다.** 프랑스의 수도사가 오락을 위해 고안했다는 이야기도 있다. 진위는 알 수 없지만, 17세기에서 18세기를 지나며 유럽의 도박장에서 사용되었다고 전한다.

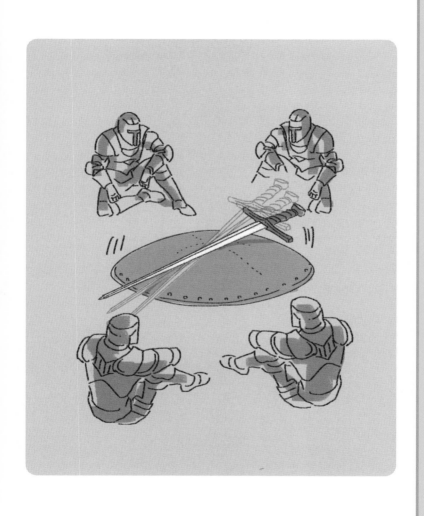

2 드림 점보 복권, 1등이 될 확률은 1000만 분의 1

한 세트 1000만 장 중에서 1등은 단 한 장

수많은 사람이 억만장자 꿈을 안고 복권을 산다. 그런데 1등으로 당첨될 확률은 얼마나 되는지 궁금하지 않은가? 일본의 '드림 점보 복권'은 1000만 장이 한 세트(유닛)로 구성되어 있다. **1등은 그중에서 한 장이므로, 당첨 확률은 $\frac{1}{1000만}$이다.** 참고로 드림 점보 복권은 70세트가 판매된다.

주최자에게 유리하게 설정되어 있다

40쪽에서 소개한 룰렛뿐 아니라 그 외의 도박이나 복권 등도 기본적으로는 주최자 측(도박판의 주인)에 유리하게 조건이 설정되어 있다. **일본의 드림 점보 복권은 판매 금액의 52.67%가 주최자 몫이 되도록 설정되어 있다.** 판매 금액의 반 이상을 주최자 측이 가져가는 것이다.

드림 점보 복권은 1장에 300엔(약 3300원)이므로 1세트 1000만 장이 모두 팔리는 경우의 총 매상은 30억 엔(약 330억 원)이다. 그중 52.67%면 15억 8010만 엔(약 174억 원)이 된다. 참고로 70세트면 주최자 측이 가져가는 총액은 약 1100억 엔(약 1조 2100억 원)이다.

복권의 총 판매금의 분배

아래 원그래프는 드림 점보 복권 총 판매금의 분배 비율이다. 복권은 1000만 장이 한 세트로 되어 있으므로 원그래프 전체가 1000만 장 분의 총 판매금을 나타낸다.

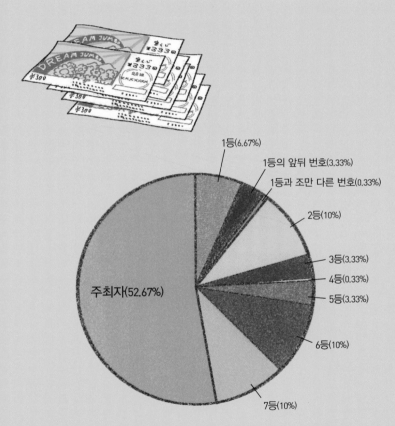

1등(6.67%)

1등의 앞뒤 번호(3.33%)

1등과 조만 다른 번호(0.33%)

2등(10%)

3등(3.33%)

4등(0.33%)

5등(3.33%)

6등(10%)

7등(10%)

주최자(52.67%)

주 : 소수점 셋째 자리에서 반올림하므로 전체 확률을 다 더해도 100%가 되지 않는다.

3 로열 스트레이트 플러시가 나올 확률은 65만 분의 1

◆ 노페어 또는 원페어가 나올 확률은 92%

트럼프 게임 중 포커의 패에 관심을 가지고 각 패가 나올 확률을 살펴보자. 여기서는 먼저 조커를 포함하지 않는 52장의 카드를 사용하고 최초에 나누어준 다섯 장으로 패가 정해지는 확률을 따진다.

순위가 가장 낮은 것은 '노페어'로 확률은 거의 50%이다. 다음으로 낮은 순위는 같은 숫자인 카드가 두 장 나란히 나오는 '원페어'로 확률은 약 42%이다. **최초로 나누어준 카드가 '노페어 또는 원페어'일 확률은 92%까지 올라간다.**

◆ 로열 스트레이트 플러시는 65만 번 중 한 번

그다음부터는 오른쪽 표와 같이 이어진다. **모두 같은 무늬로 10, 잭, 퀸, 킹, 에이스가 나란히 오는 '로열 스트레이트 플러시'가 나올 확률은 약 0.000154%이다.**

이것은 약 65만 번 중 한 번의 비율로만 일어난다는 뜻이다. 그러면 기본 카드 52장에 어떤 카드로도 쓸 수도 있는 조커를 한 장 넣어보자. 로열 스트레이트 플러시가 나올 확률은 약 0.000836%로 높아진다. 조커가 없을 때보다 약 5.4배나 많이 나온다.

포커의 패와 확률

포커는 처음에 배분된 카드 다섯 장으로 패를 만들고 어느 패가 강한지 겨루는 게임이다. 조커를 사용하지 않을 때, 처음 나누어준 다섯 장의 카드로 패가 만들어질 확률을 표로 나타내었다.

포커의 패와 그 확률

패	정의	예	확률
노페어	패가 없음		약 50%
원페어	같은 숫자인 카드가 2장		약 42%
투페어	같은 숫자인 카드 2장이 두 쌍		약 4.8%
트리플	같은 숫자인 카드가 3장		약 2.1%
스트레이트	숫자가 연속된 카드가 5장		약 0.4%
플러시	무늬가 같은 카드가 5장		약 0.2%
풀하우스	원페어와 트리플의 조합		약 0.14%
포카드	같은 숫자 카드 4장		약 0.02%
스트레이트 플러시	무늬가 같은 카드 5장의 숫자가 연속되어 있다		약 0.0014%
로열 스트레이트 플러시	같은 무늬로 10, J, Q, K, A		약 0.000154%

로또 6에서 1등이 될 확률은 600만 분의 1

1~43의 숫자 중 6개를 맞힌다

일본의 '로또 6'이라는 복권의 당첨 확률을 살펴보자. 로또 6은 1~43의 숫자 중에서 여섯 개를 맞히는 것이다. 추첨에서 숫자 여섯 개와 2등 당첨을 결정하는 경우에만 사용하는 보너스 숫자 한 개를 뽑는다.

이론상 당첨 금액은 2억 엔

1등은 선택한 숫자가 추첨 숫자 여섯 개와 모두 일치하는 경우이다. 그 확률은 약 $\frac{1}{600만}$로 1등의 이론상 당첨 금액은 2억 엔(약 22억 원)이다. 다음으로 2등은 선택한 숫자가 다섯 개 일치하고 거기에 나머지 하나가 보너스 숫자와 일치한 경우이다. 그 확률은 약 $\frac{1}{100만}$이다. 2등의 이론상 당첨 금액은 약 1000만 엔(1억 1000만 원)이 된다.

다음으로 3등은 선택한 숫자 여섯 개 중에서 다섯 개가 일치하는 경우로 확률은 약 $\frac{1}{3만}$이다. 4등은 선택한 숫자 중에서 네 개가 일치하는 경우로 확률은 약 $\frac{1}{600}$이다. 5등은 선택한 숫자 중에서 세 개가 일치하는 경우로 확률은 약 $\frac{1}{40}$이 된다.

아래 표는 로또 6의 당첨 조건과 확률을 정리한 것이다. 3등 이하의 이론상 당첨 금액은 순서대로 30만 엔, 6800엔, 1000엔(원칙고정)이다.

로또 6의 순위별 당첨 확률

등수	정의	확률
1	선택한 숫자 6개가 모두 일치	$\dfrac{1}{609\text{만} 6454}$
2	선택한 숫자 6개 중 5개가 일치하고, 남은 1개는 보너스 숫자와 일치	$\dfrac{6}{609\text{만} 6454}$
3	선택한 숫자 6개 중 5개가 일치	$\dfrac{216}{609\text{만} 6454}$
4	선택한 숫자 6개 중 4개가 일치	$\dfrac{9990}{609\text{만} 6454}$
5	선택한 숫자 6개 중 3개가 일치	$\dfrac{15\text{만} 5400}{609\text{만} 6454}$

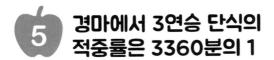

5 경마에서 3연승 단식의 적중률은 3360분의 1

✦ 가장 난이도가 높은 '3연승 단식'

경마에는 다양한 종류의 레이스가 있다. 여기서는 16마리(8조)가 출전한 경우를 예로 적중 확률을 살펴보려고 한다. 단, 말 16마리의 실력이 완전히 똑같다고 가정하고 확률을 구한다.

마권의 종류는 여덟 가지가 있다. 그중에서도 난이도가 높은 것은 말을 세 마리 고르는 '3연승 복식'과 '3연승 단식'이다. **3연승 복식은 도착하는 순서는 상관없이 세 마리의 조합을 고르는 것이다. 적중 확률은** $\dfrac{1}{560}$ **로 약 0.18%이다.** 3연승 단식은 세 마리를 고르고 도착하는 순서까지 맞추어야 한다. 적중 확률은 $\dfrac{1}{3360}$ 이며 약 0.03%이다.

✦ 가장 난이도가 낮은 '복승'

반대로 가장 난이도가 낮은 것은 말을 하나만 고르는 '단승'과 '복승'이다. **단승은 1등으로 들어올 말을 정확하게 맞추는 것으로 가장 단순하게 마권을 사는 방법이다. 확률은** $\dfrac{1}{16}$ **이므로, 6.25%이다.** 복승은 고른 말이 3등 안에 들어오면 되므로 확률은 $\dfrac{3}{16}$ 이고 18.75%로 높아진다.

하지만 복권과 달리 경마의 확률은 그렇게 단순하지가 않다. 경마에 나가는 말들이 실력 차가 있기도 하고, 기수의 우열 등 다양한 조건으로 승부가 좌우되기 때문이다.

마권의 종류와 확률

다음은 마권의 종류와 각 마권이 적중할 확률 표이다. 경마는 꼭 확률대로 결과가 나오지는 않는다.

조 번호와 말 번호

마권의 종류와 확률

조 번호	말 번호	말 이름	종류	무엇을 맞추는가	확률
1	1	애플 스타	단승 (단승식)	1등 말	6.25%
	2	골드 테일			
2	3	클레러티 아이	복승 (연승식)	3등 안에 들어오는 말	18.75%
	4	럭키 서클			
3	5	사쿠라 윈드	조련(枠連) (없음)	1, 2등으로 들어오는 조 번호의 조합	약 3.5%(같은 조 로 사면 약 0.83%)
	6	스피드 크레인			
4	7	스마트 게이트	마련(馬連) (복승식)	1, 2등 말의 조합	약 0.83%
	8	세븐 로터스			
5	9	하이란드란	와이드 (복연승식)	3등까지 들어오는 2마리 말의 조합	2.5%
	10	그랜드 로드			
6	11	에버 플래닛	마단(馬単) (쌍승식)	1, 2등 말의 순위	약 0.42%
	12	스페이스 어스			
7	13	에버 대시	3연승 복식 (삼복승식)	1~3등 말의 조합	약 0.18%
	14	플래티넘 월드			
8	15	노스 브라이트	3연승 단식 (삼쌍승식)	1~3등 말의 순위	약 0.03%
	16	딥 로즈			

※역자 주 : 일본의 마권의 종류는 한국에서 쓰는 용어와 상당히 다르다. 괄호 안은 우리나라에서 쓰는 마권 용어이다. 일본 마권 종류 참고 http://www.jra.go.jp/kouza/beginner/baken/

돈을 따기 좋은 도박은?

일본의 공영 도박 중에서 돈을 딸 가능성이 가장 큰 것은 무엇일까? 확률을 계산하여 구하는 '기댓값'으로 생각해보자(기댓값에 관한 설명은 122~123쪽). 복권, 로또, 토토 모두 사는 사람의 기댓값은 약 0.45~0.5배이다. 이것은 주최 측이 가져가는 몫이 반 이상이라는 뜻이다. 분배가 상당히 좋지 않다고 할 수 있다.

그에 비하면 경마나 경정의 기댓값은 0.75배로 높게 나타난다. **하지만 기댓값이 더 높아져 1배를 넘을 가능성을 내포하는 것도 있는데, '차리 로또(자전거 로또)'라고 불리는 경륜이다.** 기댓값이 1배를 넘는다는 것은 구매자 측에 전액 이상이 환원된다는 말이다.

차리 로또는 당첨자가 없으면 당첨금이 다음 회로 이월된다. 그리고 배당금의 상한액이 무려 12억 엔(약 132억 원)이다. **이 이월금이 점점 쌓이고, 이상적인 조건이 갖추어지면 기댓값이 1배를 넘게 되는 것이다.**

기댓값은 무한대인데……

앞면이 나올 때까지 동전을 계속 던지는 게임이 있다고 하자. 첫 번째에 앞면이 나오면 1원을 받고, 첫 번째는 뒷면이고 두 번째에 앞면이 나오면 2원, 두 번째까지 뒷면이고 세 번째에 앞면이 나오면 4원…… 이런 식으로 앞면이 나오는 차례가 한 단계씩 뒤로 갈 때마다 상금이 2배가 되어 가는 규칙이다. **이 게임의 상금 기댓값은 놀랍게도 '무한대'다**(기댓값에 관한 설명은 122~123쪽). 그런데 실제로도 무한대의 상금을 받을 수 있을까?

기댓값이 무한대의 상금이 된다는 계산 자체는 틀리지 않는다. 하지만 주최자가 무한대의 상금을 준비할 수 있고, 무한대로 게임을 계속할 수 있다는 전제가 있어야 한다. 현실적으로는 불가능하다.

계산은 맞지만, 현실적으로는 있을 수 없는 이런 역설은 스위스의 수학자인 다니엘 베르누이(1700~1782)가 1738년에 발표한 것이다. **베르누이가 살던 곳의 이름을 따서 '상트페테르부르크의 역설'이라고 불렸다.**

게임의 규칙

1회차에 앞면이 나온다. (앞) ························· 1원을 받을 수 있다. ⎫
⎬ 2배

2회차에 앞면이 나온다. (뒤)(앞) ················ 2원을 받을 수 있다. ⎫
⎬ 2배

3회차에 앞면이 나온다. (뒤)(뒤)(앞) ········· 4원을 받을 수 있다. ⎫
⎬ 2배

4회차에 앞면이 나온다. (뒤)(뒤)(뒤)(앞) ·· 8원을 받을 수 있다.

이 게임의 기댓값을 구하면

$$1 \times \frac{1}{2} + 2 \times \frac{1}{4} + 4 \times \frac{1}{8} + \cdots\cdots + 2^{n-1} \times (\frac{1}{2})^n + \cdots\cdots$$

$$= \frac{1}{2} + \frac{1}{2} + \frac{1}{2} + \cdots\cdots + \frac{1}{2} + \cdots\cdots = \infty(무한대)$$

상금 기댓값은 무려 무한대!

그렇다면 참가비가 1조 원이라 해도 이 게임에 도전할 가치가 있을까!?
(상트페테르부르크의 역설)

귀족도 내기에 푹 빠졌다?

이번에는 일본 도박의 역사를 돌아보려고 한다. 일본에서 도박에 대한 기록 중 가장 오래된 문헌은 『일본서기』이다. **685년에 덴무 덴노(천황)가 관리들을 모아 내기를 했고, 4년 후인 689년에는 지토 덴노가 내기를 금지하였다.** 내기 때문에 궁 안이 혼란해진 일이 있었기 때문일 것이다.

그 당시 행해졌던 내기는 중국에서 들여온 쌍륙(주사위) 놀이였다고 한다. 주사위를 굴려 큼직한 칸이 있는 판 위에서 말을 나아가게 하며 경쟁하는 놀이이다. 헤이안 시대에 유행하였으며, 궁에서뿐 아니라 서민들도 푹 빠졌다고 한다. 또, 바둑처럼 승부를 가리는 놀이라면 가리지 않고 내기 대상이 되고, 투계까지 퍼졌다고 한다.

그 뒤에도 내기는 신분의 고하를 막론하고 계속 성행하였고 에도시대에 들어서는 시대극 등에서 자주 보이는 '정반 도박'이 대유행하였다. 주사위 두 개를 굴려 나오는 눈의 합이 '정(짝수)'인지 '반(홀수)'인지를 내기하는 간단한 도박이다. 에도시대에는 복권의 기원이 된 '도미쿠지'도 인기를 끌었다.

도박이 좋아서 확률을 연구했다고?

역사상 처음으로 확률론에 관한 책을 쓴 사람은 이탈리아 출신 수학자인 지롤라모 카르다노(1501~1576)이다. 원래는 의학으로 학위를 땄고 천문학과 물리학, 수학 등에도 정통했다. **그러나 도박에 심취하여 「주사위 놀이에 관하여」라는 논문을 썼다. 논문은 그가 죽은 후에 책으로도 출판되었다.**

카르다노는 그 책에서 '두 개의 주사위를 동시에 던져 나온 눈의 합을 맞히는 내기를 할 때, 얼마에 걸면 가장 유리할까?'라는 문제를 냈다. 그리고 눈의 합이 7이 되는 조합이 여섯 가지로 가장 많다는 사실을 보여주면서 '7에 거는 것이 가장 유리하다'라고 밝혀냈다.

카르다노는 이렇게 도박의 확률에 몰두하면서 확률론의 발전에 공헌하였다. 그러나 **"도박에서 최대의 이익은 도박을 전혀 하지 않는 것이다"라는 말을 남긴 것으로 보아** 그는 아마도 도박으로는 돈을 벌 수 없다는 사실을 깨달은 듯하다.

제3장
틀리기 쉬운 확률

때로는 확률 계산 결과가 우리의 직관과 어긋나는 경우가 있다.
제3장에서는 그런 틀리기 쉬운 확률을 소개한다.
직관과 어긋나는 예로 두 개의 문제를 제시한다.
지금부터 함께 도전해보자.

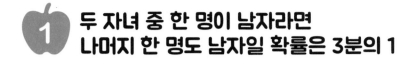

두 자녀 중 한 명이 남자라면 나머지 한 명도 남자일 확률은 3분의 1

🍎 직관적으로는 $\frac{1}{2}$ 이라고 생각하기 쉽다

다음 문제를 생각해보자. '어느 가족에 자녀가 두 명 있다. 그중에서 한 명은 남자아이다. 이때 나머지 한 명도 남자아이일 확률은 얼마일까?' **직관적으로 $\frac{1}{2}$ 이라고 생각하기 쉽지만 올바른 답은 $\frac{1}{3}$ 이다.**

🍎 한 명이 남자아이일 가능성은 세 가지

우선 성별의 패턴은 태어난 순서대로 {남·남}, {남·여}, {여·남}, {여·여} 이렇게 네 가지가 있다. 이 중에서 '(적어도) 한 명은 남자'라는 정보를 더하면 {여·여}는 제외된다. **그러면 가능한 것은 {남·남}, {남·여}, {여·남}의 세 가지다. 이때 문제의 조건을 만족하는 것은 {남·남}일 때뿐이다.** 세 가지 경우 중에서 한 가지이므로 확률은 $\frac{1}{3}$ 이다.

만약 '첫째가 남자일 때, 나머지 한 명도 남자일 확률은?'이라는 문제라면 첫째 아이가 남자라는 정보에서 가능성이 있는 경우는 {남·남}, {남·여} 두 가지이다. 따라서 나머지 한 명도 남자인 경우는 {남·남}만 남으므로 정답은 직관적으로 생각했던 $\frac{1}{2}$ 과 같다.

어느 가족에 자녀가 두 명 있는 상황에서 '그중 (적어도) 한 명은 남자이다'라는 정보가 더해졌다. 이때 나머지 한 명이 남자아이일 확률을 묻는 문제이다.

정보가 더해지기 전

정보가 더해진 후

제외

어떤 조건이나 주어진 정보에 따라
변화하는 확률을
'조건부확률'이라고 한단다.

2 정확도 99%인 검사에서 양성이 나와도 실제 감염 확률은 1%!?

❖ 100명 중 1명을 잘못하여 '음성'으로 판정

신종 바이러스가 발생하여 1만 명 중 한 명의 비율로 감염이 진행되었다고 하자. 정확도 99%*인 바이러스 감염 검사를 받은 사람이 양성 판정을 받았다. 이 사람은 바이러스에 감염되었다고 확신해도 될까?

100만 명이 이 검사를 받았다고 예를 들어보자. 그중에는 100명의 감염자가 있을 것이다. **정확도 99%인 검사는 100명의 감염자 중에서 평균 99명을 정확히 '양성'으로 판정한다. 그러나 남은 한 명을 잘못하여 '음성'으로 판정해버릴 것이다.** 이것을 '거짓 음성'이라고 한다.

❖ '양성' 판정이 곧 감염을 의미하는 것은 아니다

한편, 100만 명 중 비감염자 수는 99만 9900명이다. **검사에서는 98만 9901명을 정확하게 '음성'이라고 판정한다. 그러나 비감염자 수의 1%에 해당하는 9999명은 잘못하여 '양성'이라고 판정한다.** 이것을 '거짓 양성'이라고 한다.

양성이라고 판정된 사람의 합계는 99명(양성)＋9999명(거짓 양성)＝1만 98명이다. 이 중에 실제로 감염된 사람은 99명이다. **이것은 양성이라고 판정된 사람의 1%를 밑도는 수치이다.** 즉, 이 검사에서 '양성'이라고 판정된다 해도 모두가 실제로 감염되었다고 할 수는 없다.

> **양성 판정을 받았지만 꼭 감염된 것은 아니라고!?**
>
> 양성이라고 판정된 1만 98명 중에서 실제로 감염된 사람은 99명(약 1%)에 지나지 않는다. 그러므로 이 단계에서 양성 판정이 나와도 실제로 바이러스에 감염되었다고 생각하기는 이르다.

감염자가 1만 명 중 1명밖에 없는 희소한 질병의 경우

바이러스의 감염자가 1만 명 중 1명이다. 100만 명 중에는 감염자가 100명, 비감염자가 99만 9900명이다.

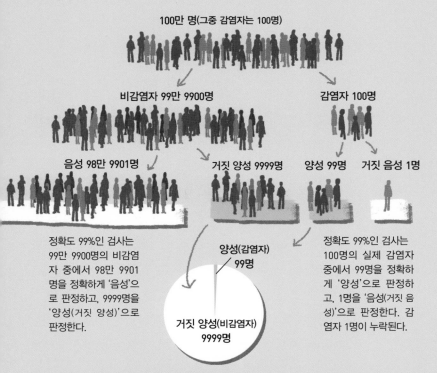

정확도 99%인 검사는 99만 9900명의 비감염자 중에서 98만 9901명을 정확하게 '음성'으로 판정하고, 9999명을 '양성(거짓 양성)'으로 판정한다.

정확도 99%인 검사는 100명의 실제 감염자 중에서 99명을 정확하게 '양성'으로 판정하고, 1명을 '음성(거짓 음성)'으로 판정한다. 감염자 1명이 누락된다.

* 여기서는 바이러스에 감염된 사람을 양성이라고 판정하는 정확도와 바이러스에 감염되지 않은 사람을 음성이라고 판정하는 정확도는 똑같이 99%라고 간주한다.

석방될 확률은?

　흉악한 범죄 집단에 속한 세 명(범인 A, B, C)이 체포되어 처형을 당하게 되었다. 그러나 세 명은 보물이 있는 장소를 알고 있다. 이 중 한 명을 석방하여 그 장소를 알아보기로 하였다.

　세 명 중 누가 석방될지는 이미 결정되어 있다. 그러나 범인들은 누가 석방될지를 모른다. 이 경우 A가 석방될 확률은 $\frac{1}{3}$이다.

　A는 교도관에게 "제가 처형되나요?"라고 물어봤지만 알려주지 않았다. 그래서 A는 교도관에게 "그러면 B, C 중 누가 처형되는지만 알려주세요"라고 말했다. 그랬더니 교도관은 "B는 처형될 거야"라

고 답했다. A는 B가 처형된다는 것을 알게 되었고, A와 C 둘 중 한 명이 처형되고 한 명은 석방이니, A가 석방될 확률은 $\frac{1}{2}$이라며 기뻐하였다.

Q   범인 A가 석방될 확률은 정말 $\frac{1}{2}$이 되었을까?

헛된 희망

A

범인 A가 석방될 확률은 $\frac{1}{3}$ 그대로다.

우선 범인 A가 석방될 경우를 생각해보자. 범인 B와 범인 C는 모두 처형된다. 따라서 교도관이 A에게 'B는 처형된다'라고 말할 확률과 'C는 처형된다'라고 말할 확률은 동등하므로 각각 $\frac{1}{2}$이다.

다음으로 B가 석방될 경우를 보자. 교도관은 'A가 처형된다'라고

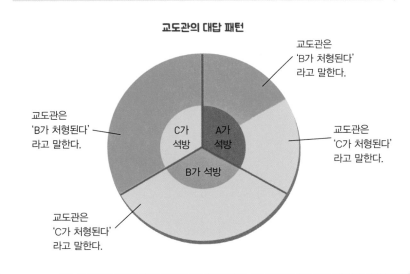

교도관의 대답 패턴

교도관은
'B가 처형된다'
라고 말한다.

교도관은
'C가 처형된다'
라고 말한다.

교도관은
'B가 처형된다'
라고 말한다.

교도관은
'C가 처형된다'
라고 말한다.

C가 석방

A가 석방

B가 석방

말할 수는 없으므로 'C가 처형된다'라고만 대답할 수 있다. C가 석방될 경우도 마찬가지로 교도관은 'B가 처형된다'라고만 말할 수 있다.

이런 조건에서 교도관은 A에게 'B가 처형된다'라고 알려주었다. 교도관이 A에게 'B가 처형된다'라고 알려주는 패턴을 아래 원그래프에서 보면 A가 석방되는 경우 중 절반과 C가 석방되는 경우이다. 이 두 가지 패턴을 더한 것 중에서 C가 석방될 확률은 $\frac{2}{3}$ 이다. 즉, A가 석방될 확률은 여전히 $\frac{1}{3}$ 로 변함이 없다. A가 석방될 확률은 올라가지 않았다.

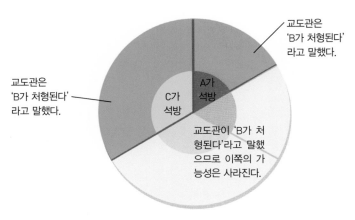

교도관이 'B가 처형된다'라고 말하는 경우

교도관은
'B가 처형된다'
라고 말했다.

교도관은
'B가 처형된다'
라고 말했다.

C가
석방

A가
석방

교도관이 'B가 처형된다'라고 말했으므로 이쪽의 가능성은 사라진다.

문을 바꾸어야 할까?

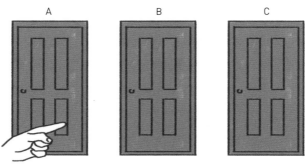

[상황 1] 도전자가 문 A를 선택한다

A   B   C

값비싼 상품이 걸려 있는 게임이다. 도전자는 앞에 있는 문 A, B, C 중에서 하나를 선택한다. 상품은 셋 중 하나의 문 너머에 있고, 나머지 두 문은 꽝이다. 사회자는 어느 문 뒤에 상품이 있는지 알고 있지만, 도전자는 알 수 없다.

도전자가 문 A를 선택하자 사회자는 문 B를 열어서 문 B가 '꽝'임을 보여준다. 그리고 도전자에게 "문 C로 바꾸셔도 됩니다"라고 제안한다.

[상황 2] 사회자가 문 B를 연다

Q 도전자는 선택한 문을 바꾸어야 할까?

바꾸든 바꾸지 않든
똑같을 것 같은 느낌인데~

확률이 높아진다

 도전자는 다른 문으로 바꿔 선택해야 한다.

이것은 미국의 한 퀴즈 프로그램에서 나온 문제로 사회자의 이름을 따 '몬티 홀의 문제'라고 부른다.

문 B가 꽝이라는 것을 알면 남은 선택지는 문 A와 문 C로 두 가지가 된다. 두 문 모두 당첨일 확률은 $\frac{1}{2}$로, 문을 바꾸지 않더라도 확률은 같다고 생각한 사람들이 많을 것이다. 그러나 실제로는 A가

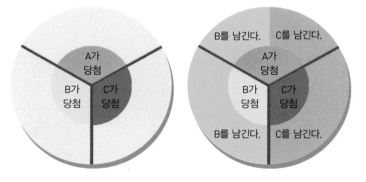

① 첫 단계에서는 A, B, C가 당첨될 확률은 각각 $\frac{1}{3}$ 씩

② 응답자가 A를 선택한 후 사회자가 선택하는 행동은 두 가지(B 또는 C를 남긴다)

당첨될 확률은 $\frac{1}{3}$이고 C가 당첨될 확률은 $\frac{2}{3}$이다.

아래 원그래프 ①과 같이 처음에는 A, B, C가 당첨될 확률은 모두 $\frac{1}{3}$이었다. 응답자가 문 A를 선택했을 때, 사회자는 원그래프 ②와 같이 'A가 당첨'이라면 B 또는 C를 남기고, 'B가 당첨'이라면 B를 남기고, 'C가 당첨'이라면 C를 남긴다. 그다음 사회자가 B를 열어 원그래프 ③에서 볼 수 있는 것처럼 C를 남기는 경우 중, A가 당첨일 확률은 여전히 $\frac{1}{3}$ 그대로이다. 그러나 C가 당첨일 확률은 $\frac{2}{3}$로 높아지므로, 바꾸는 편이 좋다.

③ **C를 남겼을 때, A가 당첨일 가능성은 그대로 $\frac{1}{3}$**

C를 남긴다.
A가 당첨

사회자가 B를 열었으므로 B쪽 가능성은 사라짐

C가 당첨

C를 남긴다.

실제로 여러 번 반복해보면 선택을 변경해야 당첨 확률이 높게 나올 거야.

많은 수학자가 속았다!

몬티 홀의 문제는 직관적으로 생각하는 것과 답이 달라서 많은 이가 혼란스러워했다. 그리고 많은 수학자를 끌어들여 큰 논란으로 발전하게 되었다.

'역사상 가장 IQ가 높은 여성'으로 알려진 마릴린 사반트는 한 잡지에서 독자에게 이 문제에 대한 질문을 받고 "문을 바꾸는 게 좋습니다"라고 답했다. 확률이 $\frac{1}{3}$에서 $\frac{2}{3}$가 된다는 이유도 정확하게 제시했다. **그러나 많은 수학자가 여기에 대해 오류가 있다고 지적하며 비난하였다.** 사반트도 여러 가지 증명으로 대응하였지만, 논란은 잦아들지 않았다.

그러자 사반트는 학교 수업에서 검증해주기를 호소하였고, 결국 사반트의 주장을 뒷받침하는 많은 검증 결과를 얻을 수 있었다. 국립 연구기관에서도 컴퓨터를 사용해 100만 번 시행 결과, 문을 바꾸면 66.7%의 확률로 당첨되었다고 한다. 이렇게 사반트가 옳았다는 것이 증명되었다.

최강 잡학편

제4장
생활 속의 확률

생활에서 자주 접하는 확률에는 일기예보가 있다.
지진의 예측이나 생명보험과 같이
다양한 분야에서도 확률이 사용된다.
제4장에서는 생활 속의 확률을 소개한다.

1 강수확률 100%라도 꼭 큰비가 내린다고 할 수는 없다

◆ 대기 상황을 파악하고, 컴퓨터로 계산

일기예보는 컴퓨터로 계산한 값을 토대로 한다. 레이더나 인공위성으로 현재의 대기 상황을 파악하고 그 정보를 토대로 몇 분 후, 오늘, 내일, 일주일 뒤의 대기 상황을 컴퓨터로 계산한다. 그리고 그 계산 결과를 근거로 예보관이 예보를 정한다.

◆ 강수란 1mm 이상의 비

일기예보에서 흔히 들을 수 있는 강수확률이란 무엇일까? 우선 '강수'란 예보 기간에 강수량 1mm 이상의 비가 내린다는 것을 의미한다. **강수확률 100%라고 하면, 일기예보를 100번 할 때, 100번 모두 1mm 이상의 비가 내린다는 뜻이다. 수치가 크다고 비가 강해진다는 뜻은 아니다.** 오히려 강수확률 0%라도 강한 비가 내릴 가능성도 있다. 강수확률은 10% 단위로 표기하기 때문에 그사이의 숫자는 반올림한다. 따라서 강수확률 0%란 '5% 미만'임을 나타내는 것이다.

또, 강수확률은 비가 내리는 시간이나 면적의 비율도 아니다. 강수확률은 강수량 1mm 이상의 비가 내리는가 그렇지 않은가의 확률이다.

일기예보의 적중률

아래 그래프는 '비', '흐리고 한때 비' 등의 강수 예보에 대해 기상청이 공개하는 적중률(12개월 평균)의 추이이다. 일기예보는 더 먼 미래일수록 정확도가 떨어진다.

일본 기상청이 공개하는 '강수' 예보의 적중률

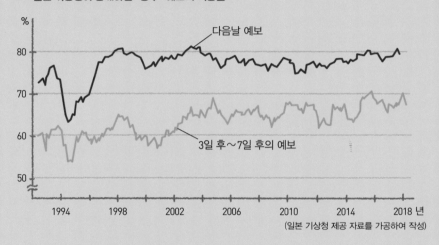

다음날 예보

3일 후~7일 후의 예보

(일본 기상청 제공 자료를 가공하여 작성)

다음날 예보는 대략 80%,
3일 후~7일 후 예보는 대략 70% 정도 적중하는구나.

2 난카이 트로프 대지진이 30년 안에 일어날 확률은 70~80%

🔶 일본의 도카이에서 시코쿠에 걸친 진원지

도카이 지방에서 기이반도, 시코쿠에 걸친 일본의 남부 앞바다에 난카이 트로프라는 거대지진 진원지가 있다. **일본의 지진조사연구추진본부에 따르면 난카이 트로프 지진이 앞으로 30년 안에 일어날 확률은 70~80%라고 한다.** 이 지진의 발생 확률은 어떻게 구하는 걸까?

🔶 그래프의 넓이에서 구한다

지진의 발생 확률은 'BPT(Brownian Passage Time) 분포'라고 하는 오른쪽 그래프에서 구할 수 있다. 그래프의 세로축은 특정 시점에 지진이 일어날 확률을 나타내는 확률 밀도이다. 그래프의 가로축은 시간의 경과이다. 그래프의 A 부분 면적은 확률 밀도와 시간을 곱한 것을 모두 더한 값으로 어떤 일정한 시간 안에 지진이 일어날 가능성을 나타낸다. **이 A를 A와 B를 더한 전체의 면적으로 나누면 어떤 일정한 시간 안에 지진이 일어날 확률을 구할 수 있다.**

난카이 트로프 지진의 경우는 이 BPT 분포에 '시간 예측 모델'이라는 개념을 조합하여 확률을 구한다. 시간 예측 모델은 앞선 지진의 규모가 클수록 다음 지진까지의 간격이 길어진다는 모델이다.

아래의 그림은 지진 발생 확률의 식과 BPT 분포 그래프다. 확률을 알고 싶은 기간이 길어지면 A의 면적이 늘어나 확률이 높아진다. 지진이 일어나지 않고 시간만 지나도 A의 비율이 늘어 확률이 높아진다.

지진 발생 확률을 구하는 방법

$$\text{지진 발생 확률(\%)} = \frac{A}{A+B} \times 100$$

해구형 지진(평균 간격이 100년일 때)

① 앞으로 30년 이내에 지진이 일어날 확률

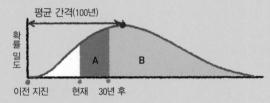

② 확률을 구하려는 기간을 길게 하는 경우

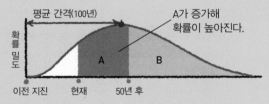

③ 지진이 일어나지 않고 시간이 경과한 경우

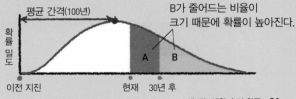

③ 스팸 메일은 확률 계산으로 판정된다

✤ 우리가 깨닫기 전에 분류된다

사람들은 컴퓨터나 스마트폰으로 오는 스팸 메일이 우리가 인지하기 전에 이미 분류되고 있다는 사실을 알고 있는가? 스팸 메일 분류에는 확률이 활용된다. 자동 분류 과정을 알기 위해 오른쪽 그림과 같이 A, B 두 개의 상자가 있다고 생각해보자. A상자는 '스팸 메일 발신자가 사용하는 단어 상자', B상자는 '일반적인 발신자가 사용하는 단어 상자'라고 가정한다.

✤ 스팸 메일에서 쓰는 단어인지 아닌지 확인

메일이 오면 컴퓨터가 메일 내용에 사용된 단어를 분석한다. **각 단어에 대해 과거 메일의 데이터를 토대로, 스팸 메일에서 얼마나 자주 사용되는지를 알려주는 '위험도'가 미리 계산되어 있다. 메일 내에 위험도가 높은 단어가 많으면 A상자에서 보내졌을 가능성이 크다고 판단한다.**

이런 과정으로 '스팸 메일일 확률'(A상자에서 보내졌을 확률)을 계산한다. 계산하여 구한 '스팸 메일일 확률'이 기준값 이상이면 그 메일은 스팸 메일로 판정된다. 이러한 계산은 반복하면 정확도가 높아진다.

A상자는 스팸 메일 발신자가 사용하는 단어가 들어 있는 상자이므로 위험도가 높은 빨간 구슬이 많이 있다. B상자는 일반적인 발신자가 사용하는 단어 상자이므로 위험도가 낮은 회색 구슬이 많다.

수신된 메일은 스팸 메일 발신자가 보낸 것일까, 일반적인 발신자가 보낸 것일까?

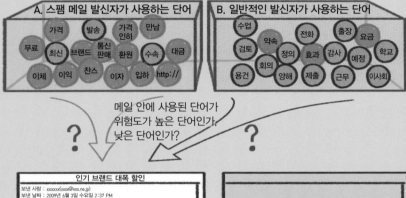

메일 안에 사용된 단어가 위험도가 높은 단어인가, 낮은 단어인가?

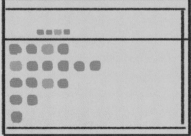

메일을 열기 전에 메일 안에 사용된 단어를 컴퓨터가 자동으로 분석한다.

메일 안에 위험도가 높은 단어가 많으면, 스팸 메일일 확률이 높아진다. 스팸 메일일 확률이 기준값 이상이면 스팸 메일로 판정한다.

스팸 메일은 통조림 메일?

우리는 광고 메일을 보통 '스팸 메일'이라고 부른다. 이 '스팸'은 무엇을 말하는 걸까? **사실 스팸은 가공육 통조림 스팸을 말한다.** 오키나와나 하와이에서 인기 있는 스팸 주먹밥의 스팸이라고 하면 쉽게 알 것이다.

그 스팸이 광고 메일을 나타내게 된 것은 영국의 인기 코미디 방송 〈하늘을 나는 몬티 파이튼〉의 콩트에서 유래되었다. 한 부부가 레스토랑에 들어갔는데, 메뉴가 온통 스팸이 들어간 요리뿐이었다. 부부는 레스토랑 직원에게 따졌지만, 점원과 주위 손님들이 '스팸'이라고 계속 외치는 우스꽝스러운 내용이다. **같은 단어가 지나치게 반복되는 모습이 광고 메일과 비슷하다고 생각한 것에서 유래하였다.**

나중에 통조림 제조회사가 통조림 제품인 '스팸(SPAM)'과 광고 메일로 사용하는 스팸을 구별해 달라는 성명을 냈다. 그 결과로 스팸 메일은 'spam'이라고 소문자로 표기하게 되었다.

20대의 사망률이 0.059%라면 보험료는 얼마가 될까?

✦ 사망률을 기준으로 보험 금액 설정

　재단법인 일본액추어리(보험계리사)회에서는 각 보험회사에서 제공한 과거의 통계 데이터를 근거로 연령별 1년간 사망률을 집계하여 발표하였다. **2018년의 예를 들어보면, 20세 남성이 1년간 사망할 확률은 0.059%, 40세 남성이라면 0.118%, 60세 남성이라면 0.653%이다.** 각 보험회사는 이 사망률을 기준으로 보험 금액을 설정한다.

✦ 보험회사가 지급하는 전체 금액을 가입자가 부담

　1년의 보험 계약 기간 내에 사망하면 약 1억 원이 지급되는 간단한 생명보험을 생각해보자. 단, 금리나 보험회사의 경비에 대해서는 고려하지 않기로 한다.

　만약 연령별로 10만 명이 가입한다면, 20세 남성의 경우는 1년간 사망률이 0.059%이므로 59명이 죽는다고 예측할 수 있다. 보험회사가 지급하는 보험금의 총액은 59명×1억 원＝59억 원이다. **이 59억 원을 가입자 10만 명이 나누어 부담하면 20세 가입자 한 명당 보험료는 5만 9000원이 된다.** 보험료는 이런 방법으로 산출된다.

생명보험의 구조

1년이라는 계약 기간 내 사망하면 1억 원이 지급되는 생명보험을 20세, 40세, 60세 남성의 경우로 생각하였다. 보험회사의 경비 등은 포함하지 않으므로 실제로는 더 높아진다.

연령별로 본 일본인 남성의 1년간 사망률(2018년)

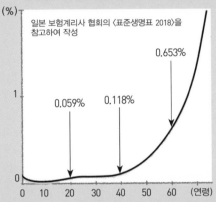

일본 보험계리사 협회의 《표준생명표 2018》을 참고하여 작성

0.059%   0.118%   0.653%

60세 가입자에게
지급하는 보험금은
10만 명×0.00653×1억 원
＝653억 원

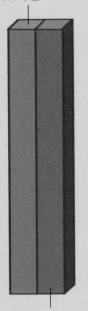

20세 가입자에게
지급하는 보험금은
10만 명×0.00059×1억 원
＝59억 원

20세 가입자 전원의
보험료 총액은 59억 원,
1명당 부담금은
10만 명으로 나누면
5만 9000원

40세 가입자에게
지급하는 보험금은
10만 명×0.00118×1억 원
＝118억 원

40세 가입자 전원의
보험료 총액은 118억 원,
1명당 부담금은
10만 명으로 나누면
11만 8000원

60세 가입자 전원의
보험료 총액은 653억 원,
1명당 부담금은
10만 명으로 나누면
65만 3000원

제5장
확률의 기본

확률론은 수학의 한 분야로 자리 잡고 있다.
제5장에서는 그 기본이 되는 개념을 구체적인 예와 함께 소개한다.
그리고 확률론이 어떤 역사를 밟아왔는지도 살펴본다.

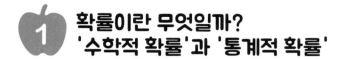

확률이란 무엇일까?
'수학적 확률'과 '통계적 확률'

✦ 일어날 가능성의 정도를 수치화

일상생활에서도 확률은 알게 모르게 많이 사용되고 있다. "그의 이번 달 타율은 5할이라 안심이다", "이기든 지든 가능성은 반반이야." 이런 말을 해본 적이 있을 것이다. **확률이란 이렇게 일어날 가능성이 얼마나 되는지 그 '정도'를 수치화한 것이다.**

✦ 수학적 확률은 이론적 계산으로 구한다

다음으로 '수학적 확률'과 '통계적 확률'이라는 두 가지 확률에 대해 생각해보자. '수학적 확률'의 예를 들면 '주사위를 굴려 짝수인 눈이 나올 확률 $= \frac{1}{2}$' 같은 것이다. 일어날 수 있는 모든 경우의 수(주사위의 모든 눈의 수)와 구하려는 경우의 수(주사위의 짝수인 눈의 수)의 비율로 구할 수 있다. **같은 일이 일어날 가능성을 이론적인 계산으로 구하는 것이 수학적 확률이다.**

반면 '통계적 확률'이란 통계를 사용하여 어떤 현상이 일어날 빈도를 구하는 것을 말한다. 타율의 예를 보면 5할이라는 수치는 지금까지 했던 경기의 통계에서 나온 것이다. 따라서 앞으로도 비슷한 타율이 나올지는 알 수가 없다.

수학적 확률과 통계적 확률

수학적 확률과 통계적 확률의 큰 차이는 계산만으로 구할 수 있는가, 그렇지 않은가이다. 수학적 확률은 계산만으로 구할 수 있다. 그러나 통계적 확률은 전제가 되는 통계 데이터를 얻기 위한 작업이 필요하다.

수학적 확률

$$확률 = \frac{구하려는\ 경우의\ 수}{일어날\ 수\ 있는\ 모든\ 경우의\ 수}$$

(예) 주사위를 한 번 굴릴 때 1이 나올 확률

$$\frac{1}{6}$$

통계적 확률

$$확률 = \frac{사건이\ 일어난\ 횟수}{시행\ 횟수}$$

(예) 토끼를 잡았을 때 갈색 토끼일 확률

$$\frac{3}{10}$$

2 수학적 확률을 계산하려면 '경우의 수'가 중요하다

◆ 어떤 사건이 일어날 경우는 몇 가지 있을까?

수학적 확률은 이론적으로 계산하여 구할 수 있다. 수학적 확률을 구할 때는 '경우의 수'가 중요하다. **경우의 수는 어떤 사건이 일어날 경우가 몇 가지 있는지를 나타내는 수이다.** 이 경우의 수에 대해 구체적으로 생각해보자.

주사위를 굴릴 때, 홀수 눈이 나올 확률을 계산해보자. 일어날 수

수학적 확률과 경우의 수

수학적 확률을 구하려면 경우의 수가 필요하다. 경우의 수를 셀 때는 수형도로 생각하면 편리하다. 특히 수가 적을 때 효과적이다.

수학적 확률

$$확률 = \frac{구하려는\ 경우의\ 수}{일어날\ 수\ 있는\ 모든\ 경우의\ 수}$$

(예) 주사위를 굴릴 때 홀수 눈이 나올 확률

$$확률 = \frac{주사위에서\ 홀수\ 눈의\ 수}{주사위\ 눈의\ 수} = \frac{3}{6} = \frac{1}{2}$$

있는 모든 경우의 수는 주사위 눈의 수와 같으므로 1~6까지인 여섯
가지다. 홀수 눈이 나올 경우의 수는 1, 3, 5의 세 가지이다. 따라서
구하려는 확률은 $\frac{3}{6} = \frac{1}{2}$이 된다.

◆ 수형도를 사용하여 빠짐없이 센다

수가 너무 많지 않으면 경우의 수를 수형도로 생각하면 편리하다. 수
형도는 나뭇가지 모양으로 모든 경우를 배치하여 빠짐없이 세는 방법
이다. 예를 들어 A, B, C 세 명이 나란히 서는 방법을 수형도를 사용
하여 세어보자. A가 선두인 경우는 A-B-C, A-C-B 이렇게 두 가지
가 있다(아래 그림). B와 C가 선두인 경우도 두 가지씩 있으므로 모두
여섯 가지가 된다.

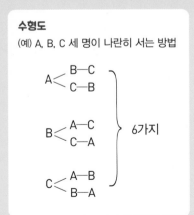

수형도
(예) A, B, C 세 명이 나란히 서는 방법

$$A < \begin{matrix} B-C \\ C-B \end{matrix}$$

$$B < \begin{matrix} A-C \\ C-A \end{matrix} \left.\begin{matrix} \\ \\ \\ \end{matrix}\right\} 6가지$$

$$C < \begin{matrix} A-B \\ B-A \end{matrix}$$

나뭇가지처럼
점점 퍼져가서
수형도라고 하는구나.

3 1에서 9까지의 카드 아홉 장으로 만들 수 있는 두 자리 숫자는 몇 개?

◆ 10의 자리가 아홉 가지, 1의 자리가 여덟 가지이므로 총 72가지

1에서 9까지 중 한 숫자가 하나씩 쓰여 있는 카드가 아홉 장이 있다. 아홉 장의 카드에서 두 장을 뽑아 두 자릿수 숫자를 만들 때 만들 수 있는 경우는 몇 가지일까? 예를 들어 처음에 뽑은 카드를 10의 자리로 두고, 다음에 뽑는 카드를 1의 자리로 정할 경우, 10의 자리에 들어갈 숫자는 1~9까지 아홉 가지, 1의 자리에 들어갈 숫자는 여덟 가지이다. **따라서 경우의 수는 9×8로 72가지이다.**

◆ 순서를 구별하여 나열하는 것을 '순열'이라고 한다

서로 다른 n개에서 r개를 뽑아 순서를 구별하여 나열하는 경우의 수를 '순열'이라고 한다. 순열이라는 의미의 영어 permutation의 머리글자를 따서 '$_nP_r$'로 표기한다. 첫 번째를 뽑을 때는 n가지가 있고, 두 번째를 뽑을 때는 첫 번째를 뺀 n−1 가지가 있다. r개째를 뽑을 때는 n−r+1 가지가 되고, 식은 다음과 같다.

$$_nP_r = n \times (n-1) \times (n-2) \times \cdots \times (n-r+1) = \frac{n!}{(n-r)!}$$

'!'은 '계승'을 나타내는 기호로, 어떤 숫자 이하의 수를 모두 곱한다는 의미이다. 4!이면 4×3×2×1 = 24이다.

1~9의 숫자가 쓰여 있는 아홉 장의 카드 중에서 두 장을 뽑아 두 자릿수 숫자를 만드는 경우를 수형도를 사용하여 그려보았다. 여기서는 처음에 뽑은 카드를 10의 자리라고 한다.

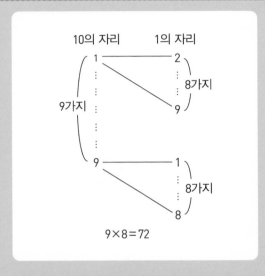

순열 계산식

$$_nP_r = n \times (n-1) \times (n-2) \times \cdots \times (n-r+1) = \frac{n!}{(n-r)!}$$

아홉 장의 서로 다른 카드에서 두 장을 뽑아 나열할 때는 n=9, r=2를 대입한다.

↓

$$_9P_2 = \frac{9!}{(9-2)!} = \frac{9 \times 8 \times 7 \times 6 \times 5 \times 4 \times 3 \times 2 \times 1}{7 \times 6 \times 5 \times 4 \times 3 \times 2 \times 1} = 72$$

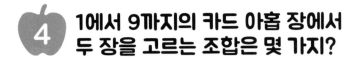

1에서 9까지의 카드 아홉 장에서 두 장을 고르는 조합은 몇 가지?

✤ '조합'은 뽑는 순서는 상관없다

앞에서 카드 두 장의 나열 방법(순열)을 알아보았다. 이번에는 카드 두 장의 '조합'을 생각해보자. 조합에서는 첫 번째에 1을 뽑고 두 번째에 2를 뽑은 경우와 첫 번째에 2를 뽑고 두 번째에 1을 뽑은 경우를 같다고 본다. **따라서 1~9의 숫자가 쓰여 있는 아홉 장의 카드에서 두 장을 뽑을 때, 경우의 수는 9×8÷2=36이다.**

✤ 조합의 식은 순열의 식을 응용한다

서로 다른 n개에서 r개를 뽑는 경우의 수를 '조합'이라고 한다. 조합이라는 의미의 영어 단어인 combination의 머리글자를 따서, '$_nC_r$'로 표기한다. $_nC_r$은 순열의 식을 사용하여 다음과 같이 계산한다.

$$_nC_r = \frac{_nP_r}{r!} = \frac{n \times (n-1) \times (n-2) \times \cdots \times (n-r+1)}{r \times (r-1) \times (r-2) \times \cdots \times 1} = \frac{n!}{r!(n-r)!}$$

조합의 개념과 식

1~9의 숫자가 쓰여 있는 아홉 장의 카드 중에서 두 장을 뽑아 조합하는 경우를 그려보았다. 조합에서는 1과 2를 선택한 경우와 2와 1을 선택한 경우는 같다고 본다. 그림에서 대각선을 기준으로 좌우의 삼각형 둘은 구성이 같다.

	1	2	3	4	5	6	7	8	9
1	×	12	13	14	15	16	17	18	19
2	21	×	23	24	25	26	27	28	29
3	31	32	×	34	35	36	37	38	39
4	41	42	43	×	45	46	47	48	49
5	51	52	53	54	×	56	57	58	59
6	61	62	63	64	65	×	67	68	69
7	71	72	73	74	75	76	×	78	79
8	81	82	83	84	85	86	87	×	89
9	91	92	93	94	95	96	97	98	×

경우의 수는 '순열'인지 '조합'인지를 따져보는 것이 중요하단다.

조합 계산식

$$_nC_r = \frac{_nP_r}{r!} = \frac{n!}{r!(n-r)!}$$

아홉 장의 서로 다른 카드에서 두 장을 뽑을 때는 n=9, r=2를 대입한다.

↓

$$_9C_2 = \frac{9!}{2! \times (9-2)!} = \frac{9 \times 8 \times 7 \times 6 \times 5 \times 4 \times 3 \times 2 \times 1}{(2 \times 1) \times (7 \times 6 \times 5 \times 4 \times 3 \times 2 \times 1)} = \frac{72}{2} = 36$$

5 룰렛 게임에서 26회 연속으로 '짝수'가 나왔다!

✤ 확률은 약 1억 3700만 분의 1

40쪽에서 언급한 룰렛은 룰렛판 위의 숫자가 38종류였지만, 37종류인 유형도 있다. 0과 1~36의 숫자가 쓰여 있는 작은 칸이 줄지어 있다. 이런 유형의 룰렛을 사용한 홀수/짝수의 내기에서 믿을 수 없는 일이 벌어졌다.

1913년 8월 13일, 모나코의 몬테카를로의 카지노에서 무려 26회 연속으로 짝수가 나온 것이다. 짝수가 나올 확률은 $\frac{18}{37}$, 홀수가 나올 확률은 $\frac{18}{37}$이다(0은 짝수도 홀수도 아니라고 가정한다). **26회나 짝수가 계속될 확률은 $\frac{18}{37}$의 26제곱으로 약 1억 3700만 분의 1이다.**

✤ 앞에서 어떤 눈이 나와도 확률은 알 수 없다

짝수가 15회 연속으로 나올 즈음부터 도박사들은 다음번이야말로 홀수가 나올 것으로 생각하였다. 그러나 그것은 잘못된 생각이었다. '짝수 눈이 계속되었으니 다음은 홀수가 나올 것이다', '아들만 셋이니 다음은 여자아이가 태어날 것이다'와 같은 생각을 '도박사의 오류' 또는 '몬테카를로의 오류'라고 한다. **룰렛의 예로 말하면, 이전에 나온 눈이 무엇이든지 다음에 짝수가 나올 확률은 언제나 $\frac{18}{37}$인 것이다.**

돈을 번 것은 카지노뿐

도박사들은 짝수가 15회 연속으로 나오자 그즈음부터는 홀수에 걸기 시작했다. 그러나 그 뒤에도 계속 짝수만 나와 결국 카지노만 돈을 버는 결과가 되고 말았다.

6 동전을 1000번 던지면 앞면과 뒷면은 거의 반반

◆ 열 번이라면 $\frac{1}{2}$에 가깝지 않을 수도 있다

던질 때 앞면과 뒷면이 나올 확률이 같은 동전이 있다고 하자. 앞면 또는 뒷면이 나올 확률은 양쪽 모두 $\frac{1}{2}$이다. 이 동전 하나를 던져, 앞면인지 뒷면인지 기록하는 실험을 1000번 반복한다(오른쪽 그림).

기록한 것 중에서 10회 반복한 결과를 무작위로 골라보니 '앞면 3회, 뒷면 7회'가 나와 $\frac{1}{2}$(=50%)과는 차이가 났다. 100회 반복한 결과를 고르면 '앞면 45회, 뒷면 55회'로 $\frac{1}{2}$에 가까워졌다. **그리고 1000회를 던졌더니 앞면이 $\frac{508}{1000}$ 회(=50.8%), 뒷면이 $\frac{492}{1000}$ 회(=49.2%)가 나왔다.** 100회 던진 결과보다도 $\frac{1}{2}$에 더 가까워졌다.

◆ 횟수가 거듭되면 원래의 확률에 가까워진다

이것은 우연이 아니다. **어떤 우연으로 일어난 사건을 여러 차례 반복하는 경우, 그 결과는 원래의 확률에 가까워진다. 이것을 '큰수의 법칙'이라고 한다.** 큰수의 법칙은 확률론의 기본적인 법칙이다. 이론적으로는 치우침이 없는 동전을 무한으로 던지면 앞면과 뒷면이 나오는 확률은 각각 $\frac{1}{2}$(=50%)이 된다.

동전 던지기의 결과

1000회의 실험 결과에서 10회, 100회의 결과를 무작위로 뽑아, 보기 쉽게 정렬하였다. 검은색이 동전의 앞면, 빨간색이 동전의 뒷면을 나타낸다. 횟수가 늘어날수록 $\frac{1}{2}$에 가까워진다는 사실을 알 수 있다.

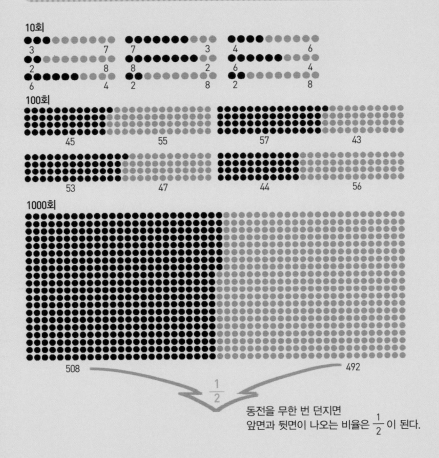

동전을 무한 번 던지면
앞면과 뒷면이 나오는 비율은 $\frac{1}{2}$ 이 된다.

일본의 희귀 화폐

동전의 확률을 언급한 김에, 일본의 화폐에 얽힌 이야기를 소개한다. 에도시대에 사용되었던 금화인 '코반' 같은 오래된 화폐는 문화재로 매우 가격이 높다. 그런데 요즘 일상적으로 사용되는 화폐 중에도 액면 이상의 가격으로 매매되는 것이 있다.

많이 알려진 것으로 '기자*10'이 있다. **1951~1955년과 1957년, 1958년에만 제조된 작은 톱니가 있는 10엔 동전이다.** 희소성이 있어서 사용하지 않은 동전은 4만 엔(약 44만 원)의 가격이 매겨진 적도 있다.

특히 높은 가격으로 거래되는 것은 1987년에 제작한 50엔 동전이다. 사용한 동전인데도 4000엔(약 4만 4000원)이라는 높은 가격이 매겨졌다. 50엔 동전은 연간 4000만 개 이상 만들어진 적도 있다. 그러나 1987년에 제조된 50엔 동전은 77만 5000개밖에 없고 '화폐 세트'로 판매된 물건뿐이다. 그래서 1987년의 50엔 동전은 고가로 거래되고 있다.(일본화폐상 협동조합에서 제작한 「일본 화폐 카탈로그 2019」 참고)

* 기자는 톱니 모양을 나타내는 일본어의 의태어

7 주사위 세 개를 굴렸을 때 합계는 10과 11이 많이 나온다

✦ 10과 11이 나오는 경우는 27가지가 있다

세 개의 주사위를 굴릴 때, 나오는 눈의 합계를 생각해보자. 예를 들어 합계가 9가 되는 눈이 나오는 방법은 25가지 있다. 합계가 10이 되게 나오는 방법은 27가지이다. 9보다는 10이 더 많이 나온다는 사실을 알 수 있다. 그 밖의 경우도 살펴보면, 11이 되는 경우도 27가지가 나온다. **따라서 세 개의 주사위를 굴려서 나오는 눈의 합계 중에서 자주 나오는 것은 10과 11이다.**

✦ '조합'이 아니라 '순열'로 생각한다

확률을 생각할 때는 상황에 따라 '순열'인지 '조합'인지를 분명하게 판단해야 한다. **세 개의 주사위를 굴려 눈의 합계를 구할 때 자주 나오는 것을 알고 싶다면 순열로 생각한다.**

예를 들어 오른쪽 그림을 보면 알 수 있듯이 (1, 3, 6) 세 개의 눈의 합계가 10이 될 조합은 하나밖에 없다. 그러나 순열로 생각하면 (1, 3, 6), (1, 6, 3), (3, 1, 6), (3, 6, 1), (6, 1, 3), (6, 3, 1) 이렇게 여섯 가지다. 순열로 생각하지 않으면 어떤 조합이 자주 나오는지 알 수가 없다.

눈의 합계가 10이 되는 경우

주사위 세 개를 굴려 눈의 합계가 10이 되는 경우를 그림으로 나타내었다. 위쪽은 주사위 세 개를 구별하지 않고 생각하는 방법이고, 하단은 각 주사위를 구별하여 계산하는 방법이다.

눈의 합이 10이 되는 경우

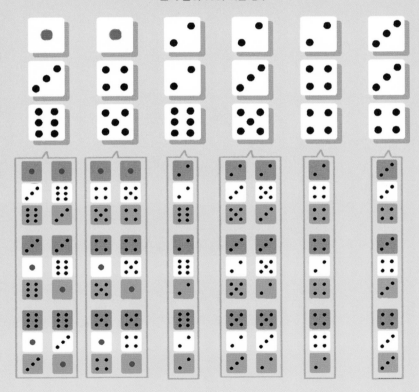

주사위 문제

　고등학교 3학년인 민기와 종구는 점심시간에 주사위로 어떤 내기를 하게 되었다.

민기　　나 오늘 빵뿐인데……. 종구야, 주사위 두 개를 굴려서 같은 눈이 나오면 네 튀김 하나만 주라.

종구　　그래 좋아. 근데, 같은 눈이 나올 확률이 얼마인지 알아?

　여기서 문제이다. 빨간색과 흰색 두 개의 주사위를 굴릴 때, 두 주사위의 눈이 같을 확률은 얼마나 될까?(Q1)

Q1　　두 주사위가 같은 눈이 나올 확률은?

그날 집으로 가는 길이다. 민기는 고민이 가득한 얼굴이다.

민기   나 대학에 진학할지, 음악의 길로 갈지 고민 중이야. 그래, 이 주사위 두 개를 굴려서 최댓값이 2가 나오면 대학에 진학하기로 하면 어떨까? 음, 최댓값 3으로 하는 게 좋을까?

종구   그거 괜찮네. 근데 확률이 얼마나 되는지 알아?

여기서 문제이다. 빨간색과 흰색 두 개의 주사위를 굴릴 때, 최댓값이 2일 확률과 3일 확률은 각각 얼마나 될까?(Q2)

Q2

(1) 두 주사위에서 나온 눈의 최댓값이 2일 확률은?
(2) 두 주사위에서 나온 눈의 최댓값이 3일 확률은?

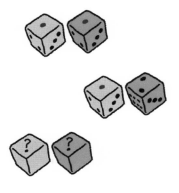

대학에 안 가고 싶은 거야!?

A1 두 주사위의 눈이 같을 확률은 $\frac{1}{6}$

빨간색 \ 흰색	1	2	3	4	5	6
1	(1, 1)	(1, 2)	(1, 3)	(1, 4)	(1, 5)	(1, 6)
2	(2, 1)	(2, 2)	(2, 3)	(2, 4)	(2, 5)	(2, 6)
3	(3, 1)	(3, 2)	(3, 3)	(3, 4)	(3, 5)	(3, 6)
4	(4, 1)	(4, 2)	(4, 3)	(4, 4)	(4, 5)	(4, 6)
5	(5, 1)	(5, 2)	(5, 3)	(5, 4)	(5, 5)	(5, 6)
6	(6, 1)	(6, 2)	(6, 3)	(6, 4)	(6, 5)	(6, 6)

■ 빨간색과 흰색 주사위의 눈이 같은 사건 ■ 빨간색보다 흰색 주사위의 눈이 큰 사건
■ 흰색보다 빨간색 주사위의 눈이 큰 사건

두 개의 주사위의 눈이 나오는 방법은 6×6이므로 36가지이다. 빨간색 주사위와 흰색 주사위의 눈이 같은 경우는 (1, 1), (2, 2), (3, 3), (4, 4), (5, 5), (6, 6)의 여섯 가지이다. 확률은 $\frac{6}{36} = \frac{1}{6}$이다(A1).

민기 $\frac{1}{6}$이구나. 별로 높지 않네.

종구 너, 정말 튀김 먹고 싶은 거야? 나 같으면 좀 더 확률 높은 데 걸 것 같은데.

민기 아니 그렇게 깊이 생각한 건 아니고……

A2　(1) 두 주사위에서 나온 눈의 최댓값이 2일 확률은 $\dfrac{1}{12}$

(2) 두 주사위에서 나온 눈의 최댓값이 3일 확률은 $\dfrac{5}{36}$

흰색 빨간색	1	2	3	4	5	6
1	(1, 1)	(1, 2)	(1, 3)	(1, 4)	(1, 5)	(1, 6)
2	(2, 1)	(2, 2)	(2, 3)	(2, 4)	(2, 5)	(2, 6)
3	(3, 1)	(3, 2)	(3, 3)	(3, 4)	(3, 5)	(3, 6)
4	(4, 1)	(4, 2)	(4, 3)	(4, 4)	(4, 5)	(4, 6)
5	(5, 1)	(5, 2)	(5, 3)	(5, 4)	(5, 5)	(5, 6)
6	(6, 1)	(6, 2)	(6, 3)	(6, 4)	(6, 5)	(6, 6)

■ 두 주사위에서 나온 눈의 최댓값이 2인 사건　■ 두 주사위에서 나온 눈의 최댓값이 3인 사건
■ 두 주사위에서 나온 눈의 최댓값이 4인 사건　■ 두 주사위에서 나온 눈의 최댓값이 5인 사건
■ 두 주사위에서 나온 눈의 최댓값이 6인 사건

　두 주사위에서 눈이 나오는 방법은 6×6이므로 36가지이다. 두 주사위에서 나오는 눈의 최댓값이 2가 되는 경우는 (2, 1), (2, 2), (1, 2)의 세 가지이다. 확률은 $\dfrac{3}{36} = \dfrac{1}{12}$가 된다. 두 주사위에서 나오는 눈의 최댓값이 3인 경우는 (3, 1), (3, 2), (3, 3), (2, 3), (1, 3)의 다섯 가지이다. 확률은 $\dfrac{5}{36}$가 된다(A2).

민기　그럼 최댓값 2로 하는 게 낫겠다.

종구　대학에 안 가고 싶은 거야?

주사위의 역사

주사위의 기원은 반으로 쪼갠 나무 열매나 조개껍데기로 점을 보거나 놀이에 사용했던 데서 유래되었다고 한다. **기원전 4000년~기원전 3000년경에는 현재와 같은 주사위 형태가 사용되었던 것 같다.**

이집트에서는 기원전 3200년 이후의 물건으로 보이는, 현재와 거의 같은 형태의 주사위가 발견되었다. 기원전 3000년경 메소포타미아 문명의 유적에서는 사면체인 주사위가 발견되기도 했다. **인도에서는 기원전 3000년~기원전 1500년경의 물건으로 추정되는 육면체 주사위가 발견되었다. 이 주사위는 마주 보는 눈이 각각 1과 2, 3과 4, 5와 6인 조합으로 만들어져 있다.** 현재의 주사위는 마주 보는 눈의 합계가 7이 되도록 배치되어 있다.

참고로, 1의 눈이 빨간색인 주사위는 일본에서만 쓴다. 외국의 주사위는 1의 눈도 다른 눈과 마찬가지로 검은색이다. 왜 일본 주사위만 1의 눈이 빨간색인지는 알려지지 않았다.

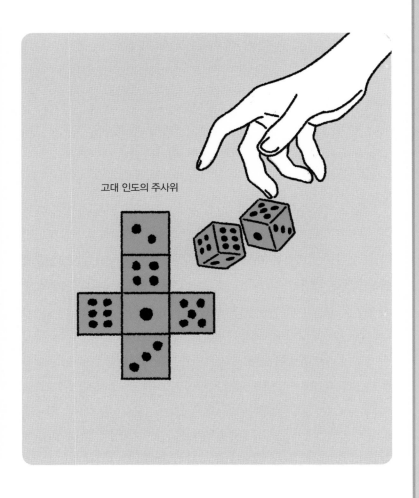

고대 인도의 주사위

주사위 스테이크의 유래

주사위 스테이크란 그 이름처럼 주사위 모양을 한 스테이크를 말한다. 스테이크이지만 비교적 싼 가격으로 제공되는 경우가 많아 인기가 있다.

그런데 주사위 스테이크는 어떻게 저렴한 가격으로 제공할 수 있을까? 사실 주사위 스테이크는 대부분 스테이크 고기를 썬 것이 아니다. **소고기의 안창살 같은 부위를 다진 후 소기름과 섞고 식용접착제로 단단하게 만들어 주사위 모양으로 만든 식품이다.** 고기를 썰어 낼때 잘려나가는 부분 등을 사용하므로 가격이 낮은 것이다.

주사위 스테이크는 고도 경제 성장기에 스테이크를 부담 없이 먹을 수 있도록 일본에서 고안되었다고 한다. 주사위 스테이크의 원조라고 불리는 가게가 몇 군데 있지만 확실하게 어디서 시작된 것인지는 알려지지 않았다. 지금은 원재료를 엄선하여 맛도 좋고 가격도 저렴한 상품이 있다고 한다.

8 도박에서 발견한 '덧셈 정리'와 '곱셈 정리' ①

🍎 대수학자의 편지에서 시작된 확률론

본격적인 확률론은 17세기에 대수학자 둘이 서로 편지를 주고받으며 시작되었다고 한다. **그들은 바로 블레즈 파스칼(1623~1662)과 피에르 페르마(1601~1665)이다.** 두 사람은 도박을 좋아하는 한 귀족에게 받은 질문에 관해 서로 편지를 주고받으며 의논하고 답을 구해갔다.

🍎 내기를 도중에 그만둘 때 판돈의 분배 문제

귀족의 질문은 'A와 B 두 사람이 내기를 한다. 먼저 세 번 이기는 사람이 최종 승리하고 판돈을 모두 가져가기로 한다. A가 두 번, B가 한 번 이긴 상황에서 내기를 중단할 경우, A와 B에게 판돈을 얼마씩 돌려주면 공평할까?'였다.

승부가 계속된다고 가정하면 A가 먼저 세 번 이길 확률은 $\frac{3}{4}$이다. 반대로, B가 먼저 세 번 이길 확률은 $\frac{1}{4}$이다. 따라서 두 사람의 판돈의 합을 3 : 1로 분배하면 된다. **계산에서는 다섯 번째에 결론이 날 확률은 네 번째의 승패의 확률과 다섯 번째의 승패의 확률을 곱해서 구한다(곱셈 정리). 또, 마지막에 A가 승자가 될 확률은 A가 네 번째에 승자가 될 확률과 A가 다섯 번째에 승자가 될 확률을 더하여 구한다(덧셈 정리).**

네 번째 이후 승부의 행방

네 번째 이후 승부의 패턴을 그림으로 나타내었다. 다섯 번째에 승패가 확정될 확률을 구할 때는 '곱셈 정리'를, A가 최종적으로 승자가 되는 확률을 구할 때는 '덧셈 정리'를 사용한다.

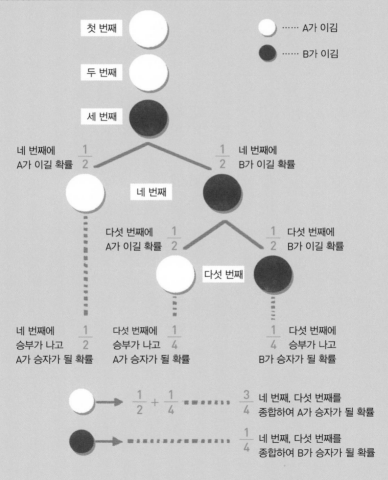

첫 번째

두 번째

세 번째

⚪ ...... A가 이김

⚫ ...... B가 이김

네 번째에 A가 이길 확률 $\frac{1}{2}$

$\frac{1}{2}$ 네 번째에 B가 이길 확률

네 번째

다섯 번째에 A가 이길 확률 $\frac{1}{2}$

$\frac{1}{2}$ 다섯 번째에 B가 이길 확률

다섯 번째

네 번째에 승부가 나고 A가 승자가 될 확률 $\frac{1}{2}$

다섯 번째에 승부가 나고 A가 승자가 될 확률 $\frac{1}{4}$

$\frac{1}{4}$ 다섯 번째에 승부가 나고 B가 승자가 될 확률

⚪ → $\frac{1}{2} + \frac{1}{4}$ ..... $\frac{3}{4}$ 네 번째, 다섯 번째를 종합하여 A가 승자가 될 확률

⚫ → $\frac{1}{4}$ 네 번째, 다섯 번째를 종합하여 B가 승자가 될 확률

9 도박에서 발견한 '덧셈 정리'와 '곱셈 정리'②

◆ 2승 0패인 상황에서 내기가 종료되는 경우는?

앞에서는 세 번째까지 승부를 가르고, A가 2승 1패인 상황에서 내기를 중단하는 경우 판돈을 공평하게 돌려주는 방법을 살펴보았다. 그러면 A가 2승 0패인 상황에서 내기를 중단한다면 어떻게 해야 공평하게 판돈을 돌려줄 수 있을까? A, B가 각각 3승을 거둘 확률을 구해보자.

◆ 3승으로 이길 확률은 A가 $\frac{7}{8}$, B가 $\frac{1}{8}$

우선 A가 2승 0패인 상황에서 종료했을 때, 세 번째에 A가 이겨 승부가 결정될 확률은 $\frac{1}{2}$, 세 번째에 B가 이기고 네 번째에 A가 이겨 승부가 날 확률은 $\frac{1}{2} \times \frac{1}{2} = \frac{1}{4}$, 세 번째와 네 번째에 B가 이기고 다섯 번째에 A가 이겨 승부가 날 확률은 $\frac{1}{2} \times \frac{1}{2} \times \frac{1}{2} = \frac{1}{8}$이다. **이 승부로 A가 이길 확률은 세 경우의 확률을 더한 $\frac{1}{2} + \frac{1}{4} + \frac{1}{8} = \frac{7}{8}$이다.**

한편, B가 먼저 이길 확률은 세 번째, 네 번째, 다섯 번째 모두 B가 이기는 경우뿐이다. 그 확률은 $\frac{1}{2} \times \frac{1}{2} \times \frac{1}{2} = \frac{1}{8}$이다. 따라서 두 사람이 걸었던 돈은 7 : 1로 분배해야 공평하다.

실제로는 행해지지 않은 세 번째, 네 번째, 다섯 번째의 승부가 행해질 경우의 확률을 그려보면 A가 이길 확률은 $\frac{7}{8}$, B가 이길 확률은 $\frac{1}{8}$임을 알 수 있다.

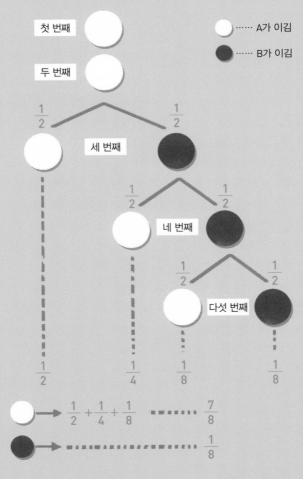

10 대학에 현역으로 합격할 확률을 '여사건'으로 생각한다 ①

✤ 적어도 하나의 대학에 합격할 확률은?

한 수험생이 A, B, C, D, E, F의 여섯 개 대학에 원서를 넣을 예정이다. 이 수험생의 학력으로 계산한 각 대학의 합격 확률을 차례로 30%, 30%, 20%, 20%, 10%, 10%라고 하자. 이 수험생이 적어도 하나의 대학에 합격할 확률은 얼마나 될까?

✤ 모든 경우를 계산하여 더하는 것은 너무 어렵다

정공법으로는 그림과 같이 A부터 순서대로 하나의 대학에만 합격할 확률을 구하고 마지막에 모두 더하는 방법이 있다. 예를 들어 '처음으로 시험을 본 A대학에 합격할 확률'은 30%이므로 $\frac{3}{10}$이다. 다음으로 'A대학에 불합격하고 B대학에 합격할 확률'은 A대학에 불합격될 확률이 70%, B대학에 합격할 확률이 30%이므로 $\frac{7}{10} \times \frac{3}{10} = \frac{21}{100}$이 된다.

이렇게 모든 경우로 나누어 계산하고, 그 결과들을 더하면 약 74.6%라는 답을 도출할 수 있다. 각각의 대학에 합격할 확률은 낮아도, 여러 대학에 원서를 넣으면 계산상으로 어느 하나의 대학에 합격할 가능성이 커진다는 것이다. 그러나 이 방법으로는 계산이 번거롭다. **사실 이 문제는 '여사건'(120~121쪽)을 사용하면 간단하게 구할 수 있다.**

일일이 계산하는 정공법

A대학에 합격할 확률, A대학에 떨어지고 B대학에 합격할 확률, A대학과 B대학에 떨어지고 C대학에 합격할 확률, 이렇게 일일이 계산하여 구할 수 있다. 그러나 계산이 너무 번거롭다.

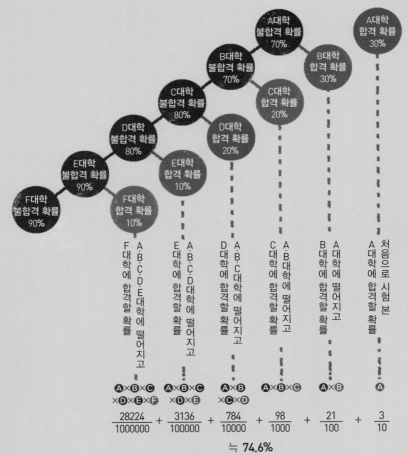

단, 이 방법은 계산이 매우 복잡하다.

대학에 현역으로 합격할 확률을 '여사건'으로 생각한다 ②

◆ 주목한 사건 외의 모든 사건

이번에는 앞쪽과 같은 문제를 '여사건' 개념을 사용하여 풀어보자. **여사건이란 '어떤 사건에 주목하는 경우, 그 사건 외의 모든 사건'을 말한다.** 이 문제에서 여사건은 '모든 대학에 불합격하는 것'이다. **구하고자 하는 '적어도 하나의 대학에 합격할 확률'은 확률 전체를 나타내는 '1(=100%)'에서 '여사건의 확률(모든 대학에 불합격할 확률)'을 빼서 계산하면 된다.**

◆ 같은 계산 결과를 간단한 방법으로 구할 수 있다

우선 어떤 대학에 불합격할 확률은 합격률의 역이다. 합격률 30%인 A대학이라면 불합격률은 70%이다. 그리고 모든 대학에 불합격할 확률은 각 대학에 불합격될 확률을 모두 곱하는 것이다. 식으로 써보면 $\frac{7}{10} \times \frac{7}{10} \times \frac{8}{10} \times \frac{8}{10} \times \frac{9}{10} \times \frac{9}{10}$ 이다. 답을 백분율로 고치면 약 25.4%이다. **따라서 적어도 하나의 대학에 합격할 확률은 100% - 약 25.4% = 약 74.6%가 된다.**

이렇게 여사건의 개념을 사용하면 같은 계산 결과를 간단하게 구할 수 있다.

대학별로 불합격될 확률을 서로 곱하면 모든 대학에 불합격이 될 확률을 계산할 수 있다. 이것을 전체 확률인 100%에서 빼면 되므로 번거롭지 않다.

모든 대학에 불합격할 확률은?

A대학 불합격 확률	$\dfrac{7}{10}$
	×
B대학 불합격 확률	$\dfrac{7}{10}$
	×
C대학 불합격 확률	$\dfrac{8}{10}$
	×
D대학 불합격 확률	$\dfrac{8}{10}$
	×
E대학 불합격 확률	$\dfrac{9}{10}$
	×
F대학 불합격 확률	$\dfrac{9}{10}$

계산이 훨씬 간단해졌네!

∥
25.4%

적어도 하나의 대학에 합격할 확률
= 전체 확률(100%) − 모든 대학에 불합격할 확률

100%−25.4%
= 74.6%

12 확률을 사용하여 '기댓값'을 구해보자

◆ 게임에서 기대할 수 있는 점수는?

확률을 사용하여 구할 수 있는 것 중 '기댓값'이 있다. **기댓값이란 어떤 확률로 일어날 사건의 평균값을 말한다. 기댓값은 얻을 수 있는 수치와 확률을 곱해서 구한다.**

예를 들어 트럼프 카드의 하트 무늬 13장과 클로버, 다이아몬드, 스페이드의 1(에이스)로 구성된 16장의 카드를 사용하여 게임을 한다

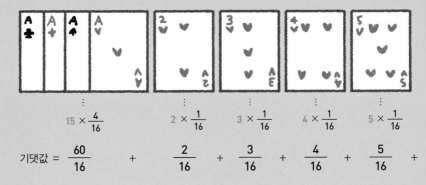

이 게임의 기댓값을 구하는 방법

기댓값은 확률을 토대로 하므로 실제 게임에서는 크게 벗어나기도 한다. 그러나 게임을 반복하면 득점의 평균은 기댓값인 9점에 가까워진다.

$$15 \times \frac{4}{16} \qquad 2 \times \frac{1}{16} \qquad 3 \times \frac{1}{16} \qquad 4 \times \frac{1}{16} \qquad 5 \times \frac{1}{16}$$

$$\text{기댓값} = \frac{60}{16} + \frac{2}{16} + \frac{3}{16} + \frac{4}{16} + \frac{5}{16} +$$

고 하자. 엎어놓은 카드에서 한 장을 선택하여 1이 나오면 15점을, 2~9가 나오면 숫자대로 점수를 주고, 10~13(킹)이 나오면 10점을 받기로 한다. 이때 확률적으로 기대할 수 있는 득점이 기댓값이다.

◆ 각 득점에 확률을 곱해 모두 더한다

이 게임의 기댓값을 알기 위해서는 카드별로 기댓값을 계산한 다음 모두 더하여 구한다. 1의 기댓값은 1이 나올 때의 득점이 15점이고 1이 나올 확률이 $\frac{4}{16}$이므로, 15점 $\times \frac{4}{16} = \frac{60}{16}$점이다.

2의 기댓값은 2점 $\times \frac{1}{16} = \frac{2}{16}$점이 된다. 3~13의 기댓값도 같은 방법으로 계산한다. 이 방법으로 계산한 모든 카드의 기댓값을 더하면 $\frac{144}{16} = 9$점이 된다. 따라서 이 게임의 기댓값은 9점이다.

일상생활에서도 손해나 이득을 따질 때
기댓값이 도움이 될 것 같아!

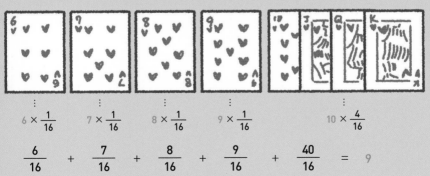

$6 \times \frac{1}{16}$　　$7 \times \frac{1}{16}$　　$8 \times \frac{1}{16}$　　$9 \times \frac{1}{16}$　　$10 \times \frac{4}{16}$

$$\frac{6}{16} + \frac{7}{16} + \frac{8}{16} + \frac{9}{16} + \frac{40}{16} = 9$$

다양한 분야에 남은 카르다노의 공적

도박을 좋아하여 확률론의 발전에 공헌한 카르다노는 수학의 다른 분야에서도 업적을 남겼다. **그중 하나는 3차 방정식의 근의 공식을 세상에 널리 알린 것이다.** 카르다노는 이탈리아의 수학자인 니콜로 타르탈리아(1499~1557)에게 배운 공식을 개량하여 1545년에 출판한 『아르스 마그나(위대한 기법)』에 발표하였다.

이 『아르스 마그나』에는 '허수'의 개념이 등장한다. 허수란 제곱하여 마이너스가 되는 수를 말한다. **또 다른 업적은 허수를 사용하면 어떤 2차 방정식이라도 답을 구할 수 있다는 사실을 처음으로 밝힌 것이다.** 카르다노는 허수에 대해 '실제 생활에서 사용할 일은 없다'라고 말했다. 그러나 현대에 들어 허수는 수학이나 물리학에서 없어서는 안 될 개념이 되었다.

한편 사생활에서 카르다노는 도박에 너무 빠져 몸을 망가뜨리고 말았다. 마지막에는 자기의 죽음을 예언하고 그것이 옳다고 증명하기 위해 단식까지 해 자신이 예언한 날에 사망하였다고 전해진다.

예언된 죽음

도박을 너무 좋아한 지롤라모 카르다노

한번 더! 한번 더!

도박에 돈을 다 쏟아붓고 사생활은 엉망진창

돈이 없어.

한편 점성술에도 능통하여 자신이 죽을 때를 예언

나는 ★월 ●일에 죽을 것이다.

죽을 날이 다가오자 단식을 해 예언한 날에 죽었다고 전해진다……

Staff

Editorial Management	기무라 나오유키
Editorial Staff	이데 아키라
Cover Design	미야카와 에리
Editorial Cooperation	주식회사 미와 기획(오쓰카 겐타로, 사사하라 요리코), 시마다 마코토

일러스트

3 하다 노노카	53 하다 노노카	85 하다 노노카
5 하다 노노카	55 Newton Press	87 하다 노노카, Newton Press
6 하다 노노카	57 하다 노노카	88 하다 노노카
11 하다 노노카	59 하다 노노카	91 하다 노노카
13 하다 노노카	60 하다 노노카	93 하다 노노카
15 하다 노노카	63 Newton Press, 하다 노노카	97 하다 노노카
17 하다 노노카	65 Newton Press	99 Newton Press
19 하다 노노카	66~67 하다 노노카	101 Newton Press
21 하다 노노카	68~69 Newton Press	103 하다 노노카
23 하다 노노카	70 히고 히로시의 일러스트를 토대로 Newton Press 작성	105 Newton Press
25 하다 노노카	71 히고 히로시의 일러스트를 토대로 Newton Press 작성, 하다 노노카	106~107 하다 노노카
27 하다 노노카	72 히고 히로시의 일러스트를 토대로 Newton Press 작성	109 하다 노노카
29 하다 노노카	73 히고 히로시의 일러스트를 토대로 Newton Press 작성, 하다 노노카	111 하다 노노카
31 Newton Press	75 하다 노노카	113 하다 노노카
33 하다 노노카	76 히고 히로시의 일러스트를 토대로 Newton Press 작성	115 Newton Press
37 하다 노노카	79 하다 노노카	117 Newton Press
38 하다 노노카	81 Newton Press	119 Newton Press
41 Newton Press	83 Newton Press	121 Newton Press, 하다 노노카
43 하다 노노카		122 Newton Press
45 Newton Press, 하다 노노카		123 Newton Press, 하다 노노카
47 하다 노노카		125 하다 노노카
49 하다 노노카		
51 하다 노노카		

감수

곤노 노리오 (요코하마 국립대학 교수)

별책 기사 협력

곤노 노리오(요코하마 국립대학 교수)
도모노 노리오(메이지대학 대학원 정보커뮤니케이션 연구과 겸임 강사)
후지타 다케히코(주오대학 이공학부 교수)

본서는 Newton 별책 『확률에 강해진다』의 기사를 일부 발췌하고 대폭적으로 추가·재편집을 하였습니다.

지식 제로에서 시작하는 수학 개념 따라잡기

미적분의 핵심

너무나 어려운
미적분의 개념이
9시간 만에 이해되는
최고의 안내서!!

삼각함수의 핵심

너무나 어려운
삼각함수의 개념이
9시간 만에 이해되는
최고의 안내서!!

확률의 핵심

구체적인
사례를 통해
확률을 이해하는
최고의 입문서!!

통계의 핵심

사회를 분석하는
힘을 키워주는
최고의 통계 입문서!!

로그의 핵심

고등학교 3년 동안의
지수와 로그가
완벽하게 이해되는
최고의 안내서!!

**지식 제로에서 시작하는
수학 개념 따라잡기**

확률의 핵심

1판 1쇄 찍은날 2020년 11월 15일
1판 1쇄 펴낸날 2020년 11월 25일

지은이 | Newton Press
옮긴이 | 이선주
펴낸이 | 정종호
펴낸곳 | 청어람e

편집 | 홍선영
마케팅 | 황효선
제작·관리 | 정수진
인쇄·제본 | (주)에스제이피앤비

등록 | 1998년 12월 8일 제22-1469호
주소 | 03908 서울 마포구 월드컵북로 375, 402호
이메일 | chungaram_e@naver.com
블로그 | chungarammedia.com
전화 | 02-3143-4006~8
팩스 | 02-3143-4003

ISBN 979-11-5871-151-1 44410
      979-11-5871-148-1 44410(세트번호)

청어람 e))는 미래세대와 함께하는 출판과 교육을 전문으로 하는 청어람미디어의 브랜드입니다.
어린이, 청소년 그리고 청년들이 현재를 돌보고 미래를 준비할 수 있도록 즐겁게 기획하고 실천합니다.